HELIU SHUIHUANJING WURANWU TONGLIANG CESUAN
LILUN YU SHIJIAN

河流水环境污染物通量测算理论与实践

珠江水利委员会珠江水利科学研究院
水利部珠江河口动力学及伴生过程调控重点实验室

徐礼强 ◎ 著

中山大学出版社
·广州·

版权所有　翻印必究

图书在版编目（CIP）数据

河流水环境污染物通量测算理论与实践/徐礼强著.—广州：中山大学出版社，2018.8
ISBN 978 - 7 - 306 - 06076 - 1

Ⅰ.①河… Ⅱ.①徐… Ⅲ.①河流—水环境—水污染物—通量—测算 Ⅳ.①X143

中国版本图书馆 CIP 数据核字（2017）第 143024 号

出 版 人：	王天琪
策划编辑：	金继伟
责任编辑：	曹丽云
封面设计：	曾　斌
责任校对：	梁嘉璐
责任技编：	何雅涛
出版发行：	中山大学出版社
电　　话：	编辑部 020 - 84110771，84113349，84111997，84110779
	发行部 020 - 84111998，84111981，84111160
地　　址：	广州市新港西路 135 号
邮　　编：	510275　传　真：020 - 84036565
网　　址：	http://www.zsup.com.cn　E-mail：zdcbs@ mail.sysu.edu.cn
印 刷 者：	虎彩印艺股份有限公司
规　　格：	787mm×1092mm　1/16　12 印张　240 千字
版次印次：	2018 年 8 月第 1 版　2018 年 8 月第 1 次印刷
定　　价：	68.00 元

如发现本书因印装质量影响阅读，请与出版社发行部联系调换

内 容 提 要

本书以河流水环境污染物通量为研究对象,从基本概念到测算理论,再到模型方法、模拟技术与决策支持系统开发,全面系统地阐述了河流水环境污染物通量测算的技术方法,并结合案例进行了实践分析。

全书共分7章,第1章绪论,第2章河流污染物通量及水环境测量的技术与方法,第3章河流水环境模拟数学模型,第4章河流不同工况下流场工况测量与模拟,第5章钱塘江主要污染物时空变化规律与通量模拟,第6章基于GIS的水质预报与污染物通量决策支持系统,第7章结论与建议。本书的出版为区域水环境管理、水环境容量的合理利用及经济可持续发展提供理论保障和技术支持。

本书系统性强,理论与实践相结合,方法与应用相结合,既适用于从事环境科学、水利科学教学、研究、监测工作的各级各类专业技术人员,又适用于水利、生态、水环境专业的本科生、研究生等。

前　言

水是世界上一切生命活动的基础。水资源是人类赖以生存和发展的基本条件之一，它对人类文明的延续和社会经济的发展具有决定性作用。高新技术在水科学研究中的应用，有力地推动了水科学的研究进程。

国家原环境保护总局《主要水污染物总量分配指导意见》第二条"区域（流域）总量指标分配"第（五）款指出，各级环境保护部门在分配区域（流域）化学需氧量总量指标时，应综合考虑不同地区的环境质量状况、环境容量、排放基数、经济发展水平和削减能力以及有关污染防治专项规划的要求，对重点保护水系、污染严重水体、一般水域等实行区别对待，确保流域水环境质量的总体改善。第三条"排污单位总量指标分配"第（十七）款指出，在国家确定的水污染防治重点流域等专项规划中，还要控制氨氮（总氮）、总磷等污染物的排污总量，控制指标由国务院批复的各专项规划下达；各地也可根据各自的水环境状况，增加本地区必须严格控制的特征水污染物，纳入本地区污染物排放总量控制计划，氨氮（总氮）、总磷等污染物以及特征水污染物的总量分配可参照本指导意见执行。从上述要求可以看出，对河流进行氨氮和总磷的污染物排放总量的研究迫在眉睫，而总量控制的方案基于一定水环境功能达标要求的通量研究，鉴于水环境容量具有动态变化的特点，开展不同水文情景/情势下的污染物通量研究尤为必要。

本书在国内外有关研究的基础上，采用理论研究和实践相结合的方法，综合运用环境评价技术、系统动力学原理、水环境空间建模技术、可视化空间数据挖掘技术、基于 MapX 和 C#.net 平台的系统开发技术、情景分析方法等对水环境进行规律解析，为区域水环境管理、水环境容量的合理利用及经济可持续发展提供理论保障和技术支持。通过基础调查和水环境空间资料的获取，获得对研究区域水环境的基本认识，对流域进行水质评价，分析近年来的水质演变趋势；通过对研究区域的野外水文测量和水质监测分析，获取和推算水文情景，运用水环境空间数据挖掘的原理和方法，对不同水文情景/情势的水环境模拟结果进行分析，解析水环境流场的时空演变规律及其过程的动力学原理，探索人类活动依存的河流水环境主要污染物通量的时空演化规律与趋势；建立基于 GIS 的流域水环境水质污染预报和污染物通量决策支持系统，实现研究成果的可视化，为环境监测和管理部门提供科学便捷的决策依据。

本书主要内容包括：绪论、河流污染物通量及水环境测量的技术与方法、河流水环境模拟数学模型、河流不同工况下流场工况测量与模拟、钱塘江主要污染物时空变化规律与通量模拟、基于 GIS 的水质预报与污染物通量决策支持系统、结论与建议等。本书由珠江水利委员会珠江水利科学研究院、水利部珠江河口动力学及伴生过程调控重点实验室徐礼强博士编写，全书由罗欢高级工程师统稿，中山大学于海霞副教授定稿。本书在完成过程中，浙江大学楼章华教授、珠江水利委员会珠江水利科学研究院教授级高工邓家泉给予了大量的指导，并提出了宝贵意见，在此表示衷心感谢！

本书的研究工作得到如下科研项目的资助和经费支持：国家自然科学基金项目 (51009156)、(41301627)，广东省自然科学基金项目 (2015A030313866)，广东省水利科技创新项目 (2014-12)，水利部水科学与水工程重点实验室开放基金 (Yk914005)，在此表示感谢！

河流污染物迁移转化规律的研究是一项涉及多个学科和多个专业的工作，是一项较为复杂的系统工程，作者在河流污染物通量领域做了一些探索，限于学识水平和工作经验，书中难免有疏漏和不当之处，真诚希望各位专家和读者给予批评指正。

作　者
2016 年 12 月于广州

目 录

第1章 绪论 ·· 1
 1.1 研究背景与选题意义 ··· 1
  1.1.1 研究背景 ·· 1
  1.1.2 选题意义 ·· 4
 1.2 国内外研究进展 ·· 5
  1.2.1 水环境、水资源承载力与水环境容量研究 ·································· 5
  1.2.2 物质通量与污染物通量研究 ··· 7
  1.2.3 水环境数学模型 ·· 8
  1.2.4 水信息与水环境空间数据挖掘 ·· 11
 1.3 研究目的、方法与内容 ·· 14
  1.3.1 研究目的与方法 ·· 14
  1.3.2 技术路线与研究内容 ·· 14

第2章 河流污染物通量及水环境测量的技术与方法 ····························· 18
 2.1 水环境容量与污染物通量的关系及河流水环境容量 ····················· 18
  2.1.1 水环境容量的内涵 ··· 18
  2.1.2 水环境污染物通量的内涵及其与水环境容量的关系 ··················· 19
  2.1.3 钱塘江流域水环境容量研究的方法 ······································· 20
 2.2 河流污染物通量计算方法 ··· 26
  2.2.1 常用的河流污染物通量估算方法 ·· 26
  2.2.2 本研究的河流污染物通量测算原理与方法 ······························ 28
 2.3 河流水环境测量的技术与方法 ·· 29
  2.3.1 材料与方法 ·· 29
  2.3.2 基于ADCP的流量/流速测量与数据处理 ······························ 30
  2.3.3 氨氮的水质测定方法 ·· 34

2.3.4 总磷的水质测定方法 ………………………………………… 36

第3章 河流水环境模拟数学模型 ………………………………………… 39
3.1 河流流场模型 ………………………………………… 39
3.1.1 模型的控制方程 ………………………………………… 39
3.1.2 模型的定解条件 ………………………………………… 41
3.1.3 模型的计算方法 ………………………………………… 42
3.1.4 模型的稳定性条件 ………………………………………… 43
3.2 河流污染物通量模型 ………………………………………… 44
3.2.1 通量模型基础 ………………………………………… 44
3.2.2 通量模型的控制方程及解法 ………………………………………… 48
3.2.3 关键参数的处理 ………………………………………… 49
3.2.4 模型的参数取值和定解条件 ………………………………………… 51
3.3 河流污染物预报模型 ………………………………………… 51
3.3.1 预报模型的选择及原因 ………………………………………… 51
3.3.2 模型的基本方程 ………………………………………… 51
3.3.3 模型的定解条件及解法 ………………………………………… 52

第4章 河流不同工况下流场工况测量与模拟 ………………………………………… 54
4.1 钱塘江流域概况 ………………………………………… 54
4.1.1 自然环境概况 ………………………………………… 54
4.1.2 社会环境概况 ………………………………………… 56
4.1.3 水文概况 ………………………………………… 57
4.2 流场测量与监测数据获取 ………………………………………… 62
4.2.1 测量断面布设 ………………………………………… 62
4.2.2 测量断面情况与测量数据 ………………………………………… 64
4.3 不同工况流场的模拟 ………………………………………… 67
4.3.1 计算区域及其网格划分 ………………………………………… 67
4.3.2 初始条件与参数设置 ………………………………………… 67
4.3.3 流场的验证 ………………………………………… 69
4.4 流场模拟结果及其对污染物扩散的影响分析 ………………………………………… 73
4.4.1 上游段流场模拟结果与分析 ………………………………………… 73
4.4.2 兰江口汇流区模拟结果与分析 ………………………………………… 76
4.4.3 下游段流场模拟结果与分析 ………………………………………… 79

4.4.4　浦阳江口汇流区模拟结果与分析 ……………………………… 82
　　　4.4.5　汇流区流场变化对污染的重要作用 …………………………… 85

第5章　钱塘江主要污染物时空变化规律与通量模拟 …………………………… 87
　5.1　钱塘江流域水质概况 …………………………………………………………… 87
　　　5.1.1　研究区域水环境污染调查 ……………………………………… 87
　　　5.1.2　水环境监测的指标与标准 ……………………………………… 88
　　　5.1.3　流域水质评价结果 ……………………………………………… 90
　5.2　氨氮、总磷浓度时空变化规律解析 …………………………………………… 91
　　　5.2.1　项目监测年不同时期水质监测数据 …………………………… 91
　　　5.2.2　上游段时空变化规律解析 ……………………………………… 93
　　　5.2.3　下游段时空变化规律解析 ……………………………………… 96
　　　5.2.4　氨氮、总磷浓度的时空变化特征 ……………………………… 98
　5.3　通量模拟的水环境与水文概况分析 …………………………………………… 98
　　　5.3.1　研究区域水环境功能区概况 …………………………………… 98
　　　5.3.2　通量模拟的水文情景概况 …………………………………… 103
　5.4　不同水文情景氨氮、总磷通量模拟与分析 ………………………………… 108
　　　5.4.1　氨氮通量达标预测与分析 …………………………………… 108
　　　5.4.2　总磷通量达标预测与分析 …………………………………… 114
　※第5章部分表格 ………………………………………………………………… 121

第6章　基于GIS的水质预报与污染物通量决策支持系统 …………………… 146
　6.1　系统基本情况 ………………………………………………………………… 146
　　　6.1.1　系统河流分段情况 …………………………………………… 146
　　　6.1.2　基于MapX和C#.net的系统开发 …………………………… 146
　　　6.1.3　系统数据库的结构与特点 …………………………………… 147
　　　6.1.4　系统的功能与技术特点 ……………………………………… 149
　6.2　水环境模拟数学模型及通量决策的GIS集成 ……………………………… 149
　　　6.2.1　水质预报模型与GIS集成 …………………………………… 149
　　　6.2.2　污染物通量决策与GIS集成 ………………………………… 151
　6.3　系统功能操作与案例应用 …………………………………………………… 151
　　　6.3.1　系统主界面与功能模块 ……………………………………… 151
　　　6.3.2　环境水质污染预报应用 ……………………………………… 154
　　　6.3.3　污染物通量决策支持应用 …………………………………… 158

第 7 章　结论与建议 ··· 164
　　7.1　主要结论 ··· 164
　　7.2　特色与创新之处 ··· 167

结语 ··· 169

参考文献 ··· 171

第1章 绪　　论

1.1　研究背景与选题意义

　　水环境是构成环境的基本要素之一，是人类赖以生存和发展的最重要场所，也是受人类影响和破坏最严重的领域。水环境的污染和破坏已成为当今的主要环境问题之一。水环境问题是由于自然因素和人为因素影响，水体的水文、资源与环境特征向不利于人类利用方向演变而产生的。

　　一条河流往往会流经多个行政区域（县、市、省甚至不同国家），上游地区工业或生活污水排放，会使下游区域工农业生产遭受损失，造成上下游区域社会经济发展的矛盾。目前，随着区域社会经济的快速发展，特别是工业化和城市化进程的加快，河流跨区域污染问题日益凸显，上游对下游区域污染事故日益增多，如豫鄂交界地区白河污染、江浙边界水污染、苏北鲁南龙王河污染等。因此，重视跨界水污染问题，加强流域水环境管理，对减少跨界水环境纠纷，实现流域内各行政区域的共赢和共享，构建和谐社会具有重要的现实意义。

1.1.1　研究背景

（1）水环境与水资源的重要性

　　水环境广义上是指水圈，通常指江、河、湖、海、地下水等自然环境，以及水库、运河、渠系等人工环境；而在《环境科学大辞典》[1]中包含的则更广泛，指地球上分布的各种水体以及与其密切相连的诸环境要素，如河床、海岸、植被、土壤等。水环境主要由地表水环境和地下水环境两部分组成。地表水环境包括河流、湖泊、水库、池塘、沼泽、冰川等，地下水环境包括浅层地下水、深层地下水等。水环境不是一个单一的只与水有关的水体，从环境水利学科看，从现在的要求看，它是一个与水、水生生物和污染等有关的综合体，是一个生态系统。水环境是传输、储存和提供水资源的水体，是水生生物生存、繁衍的栖息地，是由纳入的水、陆、大气污染物组成的系统，具有易破坏、易污染的特点。

水资源是人类赖以生存和发展的基本条件之一，它对人类文明的延续和社会经济的发展具有决定性作用。水是世界上一切生命活动的基础，水资源是人类生存和社会存在及发展的基础和生命线。近些年来，水资源的合理利用问题受到全球的极大关注[2,3]。

水资源承载能力[4-6]是一个国家或地区持续发展过程中各种自然资源承载力的重要组成部分，往往是水资源短缺和贫水地区人口与发展的"瓶颈"资源。因此，水资源承载能力对一个国家或地区综合发展及发展规模至关重要。

由于水资源供给的稳定性和需求的不断增长，水具有了越来越重要的战略地位。如果水资源消耗殆尽，人类的健康、经济的发展以及生态系统将受到威胁。如何解决水资源供应问题，保持水资源供给和需求之间的相对平衡，世界各缺水国家和地区长期以来做了大量探索，一些发达国家或者比较发达的国家已取得了很多成功的经验。概括起来，主要有三个方面：一是采取积极措施，通过区域调水解决地区之间水资源分布不均问题；二是通过科学管理维护水资源的供需平衡；三是开发和采用各种节水技术。

水科学的研究是20世纪末以来人类极为关注的课题之一。由于自然界中水演化规律的复杂性以及人类活动对天然水影响的日益加剧，致使水问题愈加突出，从而极大地影响和制约了人类社会的生存和发展。高新技术在水科学研究中的应用，有力地推动了水科学的研究进程[7-12]。

（2）研究区域在经济发展中的重要地位及水环境污染物研究的重要意义

本研究的研究区域浙江省是一个经济发达的大省。随着工农业的发展，人们对水环境的质量要求越来越高，保护水环境、防治水污染已经成为全省工作的重心之一[13,14]。浙江省河流众多，水网密布，陆地水环境主要由"八大水系"、运河、湖泊与水库、河网等水体组成。陆地水环境和地下水环境构成浙江省生活饮用水和工农业用水的水源地，承载着全省的社会经济发展。钱塘江流域地理位置优越，资源条件得天独厚，其所在区域是浙江省工农业生产、经济建设、政治文化发展最快、最重要的地区，其面积、人口和经济总量都占到浙江全省的1/3。钱塘江作为浙江的"母亲河"，滋养着两岸生生不息的黎民百姓，在浙江省经济格局中占据重要的地位[15,16]。

据统计，1991年，钱塘江全流域15.5%断面的水质不能满足水域功能要求，到1995年，这一比例上升到26.1%，2003年上升至44.4%。2004年的监测结果表明，流域内除千岛湖和分水江外，主干流水质均达不到地表水Ⅲ类水质标准，中下游富春江和钱塘江段甚至为劣Ⅴ类水质，其主要超标因子为

COD（即化学需氧量）、NH_4^+-N（即氨氮）、TP（即总磷）及石油类。另据《杭州市水资源质量通报》报道，2004年7月下旬至8月中旬，钱塘江梅城—闸口河段出现了较为严重的蓝藻暴发，蓝藻种类主要有蓝藻、绿藻、硅藻、隐藻、甲藻等，蓝藻密度在 $(402\sim1973)\times10^5$ 个/升，一度影响沿江各取水口正常取水。这些复杂的水环境问题与水文气象条件、工业及生活污水排放、农业面源污染、水资源配置结构、人口的流动、区域产业布局等都有关系，需要从根本上分析其产生的原因。

（3）区域水环境中氨氮和总磷的来源及其通量研究的重要性

氨氮是指以氨或铵离子形式存在的化合氨，主要来源于人和动物的排泄物，生活污水中平均含氮总量每人每年可达 2.5～4.5 kg；雨水径流以及农用化肥的流失也是氮的重要来源。另外，氨氮还来自于冶金、石油、油漆颜料、煤气、炼焦、鞣革、化肥等生产的工业废水中。总磷则是指废水完全氧化消解后测得的正磷酸盐，即溶解的无机磷（主要以 $H_2PO_4^-$ 和 HPO_4^{2-} 的形式存在）、有机磷与不溶解的颗粒磷之和。钱塘江流域水体中氮、磷污染物的主要来源有：①工业废水。工业门类繁多，生产过程复杂，污染物种类多、数量大、毒性各异。工业废水污染物不易净化，对水环境危害最大，是造成水污染的最主要因素。②农田废水。施用的化肥、农药和除草剂等随农田排水、地表径流注入水体。农业废水产生面广，不易控制和治理。③生活污水。生活污水成分复杂，以氮、磷和耗氧有机物最多。④城市垃圾和工业废渣渗滤液。垃圾和废渣倾入水中或堆积在水域附近，经水的溶解或浸渍作用，其中有毒有害成分进入水中。⑤大气污染物。大气中污染物种类很多，可以直接降落或溶于雨雪后降落至水体中。

氨氮和磷属于无机无毒的植物营养物。植物营养物污染的主要特点表现为水体富营养化。水体营养化程度与磷、氮含量有关，磷的作用大于氮。一般认为，总磷和无机氮分别超过 20 mg/m^3、300 mg/m^3，就可以判定水体处于富营养化状态。

国家原环境保护总局《主要水污染物总量分配指导意见》[17]要求：①第二条"区域（流域）总量指标分配"第（五）款：各级环境保护部门在分配区域（流域）化学需氧量总量指标时，应综合考虑不同地区的环境质量状况、环境容量、排放基数、经济发展水平和削减能力以及有关污染防治专项规划的要求，对重点保护水系、污染严重水体、一般水域等实行区别对待，确保流域水环境质量的总体改善。②第三条"排污单位总量指标分配"第（十七）款：在国家确定的水污染防治重点流域等专项规划中，还要控制氨氮（总氮）、总磷等污染物的排污总量，控制指标由国务院批复的各专项规划下达；各地也可根据各自的水环境状况,增加本地区必须严格控制的特征水污染物,纳入本地区污染物排放总量控制计划。氨氮(总氮)、总磷等污染物以及特征水污染物的总量分配可参照本指导意见执行。

从上述要求可以看出,对重点河流进行氨氮和总磷的污染物排放总量的研究迫在眉睫,而总量控制的方案基于对一定水环境功能达标要求的通量研究,鉴于水环境容量具有动态变化的特点,开展不同水文情景/情势下的污染物通量研究尤为必要。

1.1.2 选题意义

钱塘江流域水环境管理中尚存的难点、问题表现在如下两个方面:

1) 长期以行政区域为单元控制流域水污染。虽然《中华人民共和国水法》《中华人民共和国水污染防治法》确定了我国水污染控制以流域管理与行政区管理相结合,但目前实行的流域管理是以部门管理与行政区管理相结合的管理体制。这种人为地将一个整体的流域按行政区划实行地方和部门的分割管理的做法,必定助长地方保护与部门保护,阻碍流域自然环境与自然资源的高效综合利用,导致流域上下游间的污染转嫁,引起地区之间的污染纠纷,加剧流域各地方利益相关者的矛盾冲突,阻碍流域可持续发展战略的实施。

2) 流域水污染治理责任主体缺位。治污责任主体缺位是我国跨界水污染治理和管理的难点。虽然我国环境法规定各级政府对本地的环境质量负责,但对流域沿岸的各地方政府来说,由于缺乏必要的制度保障和监督,在现有考核体系中,地方政府缺乏全局意识,只顾及自己的行政区域社会经济发展,忽视对流域下游的环境影响,对下游造成的污染问题通常就被"高高挂起"。同时,作为流域内的任何一个地方城市,都无法超越其他城市成为流域污染的责任主体,导致跨界水污染纠纷长期存在。

钱塘江流域水环境质量事关区域社会经济的可持续发展,水环境的保护和改善任重而道远,需要从全局、长远、战略的高度,探讨和制订水环境保护战略的措施与对策,达到水环境容量的科学、可持续利用,支持浙江省社会经济的可持续发展的目的。通过对钱塘江流域水环境和社会经济发展特征的研究,对钱塘江干流主要断面进行监测分析,建立流域水环境的流场模型、污染物通量控制模型和水质预报模型,解析流域水环境时空演变规律及其不同水文情景/情势下主要污染物的通量特征,计算满足水环境功能区水质达标要求的河流水环境允许污染物通量,可为流域水环境容量的科学利用、污染物的总量控制,以及河流水环境的水质管理提供切实有效的科学依据。

1.2 国内外研究进展

1.2.1 水环境、水资源承载力与水环境容量研究

（1）水环境与水资源承载力内涵

承载力概念的演化与发展是人类对自然界改造和发展的必然结果。"承载力"一词源于力学中的一个概念，指物体在不产生任何破坏时的最大负载。在全球人口不断增加，耕地面积日趋减少，人类面临粮食危机的背景下，生物学家和生态学家首先将承载力概念发展并应用到人类生态学中。随着社会的发展，资源短缺和环境污染问题日益突出，在充分认识环境系统与人类社会经济活动关系的基础上，人们普遍采用承载力来描述区域系统对外部环境变化的最大承受能力，承载力概念由此延伸并广泛用来说明环境或生态系统承受发展和特定活动能力的限度，许联芳等[18]、毛汉英等[19]、王俭等[20]提出了资源承载力和环境承载力等相关概念。

环境承载力概念自20世纪70年代起就广泛应用于环境管理与环境规划中。1974年，Bishop等[21]在《环境管理中的承载力》一书中指出，环境承载力是在维持一个可以接受的生活水准下，区域所能永久承载的人类活动的强烈程度。值得注意的是，Schneider[22]强调，环境承载力是自然或人造环境系统在不会遭到严重退化的前提下，对人口增长的容纳能力。世界自然保护联盟、联合国环境规划署、世界野生生物基金会等组织1991年在《保护地球——可持续生存战略》一书中指出："地球或任何一个生态系统所能承受的最大限度的影响就是其承载力。人类对这种承载力可以借助于技术进步而增大，但往往是以减少生物多样性或生态功能作为代价的，然而在任何情况下，也不可能将其无限增大。这一极限取决于系统自身的更新或对废弃物的安全吸收。"[23]

水环境承载力的基本概念在我国水利建设与环境保护工作中得以不断完善。20世纪90年代中期，郭怀诚等[24]、崔凤军[25]和王淑华[26]等学者将水环境承载力定义为：在某一时期某种状态或条件下，某地区的水环境所能承受的人类活动作用的阈值能力。21世纪初，水利部前部长汪恕诚[27]在2001年水环境论坛上明确提出，水环境承载力是指在一定的水域，其水体能够被继续使用并保持良好生态系统时，所能够容纳污水及污染物的最大能力。

关于水资源承载能力方面研究的文献较多，但目前对于其定义、评价指标以及计算方法还没有统一的认识。关于水资源承载力的理论，国际上单项研究成果较少，大多研究将其纳入可持续发展理论中。国内水资源承载力研究始于

20世纪80年代,其中以新疆水资源承载力的研究为代表。施雅风等(1992)采用常规趋势法对新疆乌鲁木齐河流域的水资源承载力进行了研究;许有鹏等(1993)采用模糊分析法对新疆和田河流域水资源承载力做了深入研究;1995—2000年期间,多个"九五"攻关项目和自然科学基金课题都涉及这一领域[28-42]。

(2) 水环境、水资源承载力评价与水环境容量研究

水环境与水资源承载力评价方法包括水文学法、数理统计法、水质模型法、向量模法、模糊综合评价法、多目标优化法、系统动力学法等。其中,水文学法和数理统计法主要用于生态需水量计算,水质模型法主要用于水体纳污量计算,向量模法、模糊综合评价法、多目标优化法、系统动力学法等则常用作水环境与水资源承载力的综合评价。

为实现水环境可持续发展,我国自20世纪90年代起开展了水环境承载力指标体系建立及承载能力评价工作。1995年,北京大学郭怀成等[43]针对辽宁省本溪市水环境可持续发展目标,建立了包括单位投资可治理废水量、单位工业废水排放量、单位BOD(即生化需氧量)排放量的国民总收入、水体COD控制目标与水体预测浓度之比、水体BOD控制目标与水体预测浓度之比、水体环境容量与预测浓度之比、单位污水处理投资等7项水环境承载力指标体系,评价本溪市不断提高的水环境承载力。赵然杭等[44]根据水环境系统本身的结构组成与人类社会经济活动之间相互作用的表现,提出了城市水环境承载力指标体系,并利用模糊优选理论模型进行重要程度排序。李如忠[45]从经济、社会、资源、环境、技术和管理等领域选择了15个评价指标,构造了一个具有3层递阶层次结构的指标体系,建立了城市水环境承载力综合评价的AHP-Statistics模型。赵青松等[46]根据水环境承载力自然属性,提出了涵盖生态环境需水量[47-53]、供水水平、用水水平、水环境容量[54-60]的生态需水量、环境需水量、可供水水资源量、污水处理率、工业万元耗水量、农灌水量、人均耗水量、COD环境容量、挥发酚环境容量、氨氮环境容量等指标,并采用美国运筹学家T. L. Saaty的层次分析法进行重要程度权重分析及可承载隶属度分析,结果将可承载力分为:1为完全可承载,0.8~1为可承载,0.6~0.8为弱可承载,0~0.6为不可承载。2006年,湖南省洞庭湖水利工程管理局采用社会经济指标与水环境指标评价西洞庭湖水环境承载力,结果表明,由于人口、工业的快速增长,大量农药和化肥的使用,该区域社会经济和水环境指标都超标,环境承载力过载。

1.2.2 物质通量与污染物通量研究

通量是一个物理名词,是指单位时间内流过某一给定面积(通常指与流动方向垂直的单位面积)的某种物理量的量值。国内外对物质通量的研究,常见的有生态系统通量研究、地表水热通量研究、河口悬沙通量研究、河口区污染物通量研究,而对河流水环境中主要污染物通量的研究较少。

(1) 物质通量的研究

入海河流物质通量研究是陆海相互作用和全球海洋通量联合研究计划的重要命题。我国是最早开展物质通量研究的国家之一。自20世纪90年代以来,国家自然科学基金项目和国家重大基础研究计划项目都开展了有关河流和边缘海物质通量的研究,即将开始的全国海岸带环境调查专项也把主要河流物质入海通量及其海洋环境效应研究作为主要内容之一[61]。开展生态系统通量的长期定位观测研究具有重要的意义。张旭东等[62]在总结生态系统通量概念与内涵的基础上,概要介绍了全球通量网、区域通量网(美洲网、欧洲网、亚洲网)和中国陆地生态系统通量观测研究网络的建设与发展历程,以及生态系统通量的主要研究方法,包括微气象学方法(涡度相关法、质量平衡法、能量平衡法和空气动力学法)和箱式法(静态箱法和动态箱法)及其基本工作原理;系统地对不同生态系统类型,包括森林生态系统、农田生态系统、草原生态系统和水体生态系统的 CO_2 通量、N_2O 通量、CH_4 通量、热通量等的研究成果、方法及进展进行了评述;最后,结合我国不同生态系统类型通量研究的现实与需要,从生态系统通量研究的策略、水平、方法以及资金的投入、数据的管理与使用等方面提出了一些合理化建议与展望。孙睿等[63]介绍了当前国内外地表水热通量观测研究的进展及3种不同类型的土壤—植被—大气传输模型(SWAT):单层模型、双层模型和多层模型。遥感手段常用于监测大面积地表水热通量。基于地表能量平衡方程,现已建立了许多遥感模型以估算水热通量,如简化模型、单层模型、附加阻抗模型、作物缺水指数模型和二源阻抗模型等,并对这些模型的复杂程度及应用范围进行了分析。万新宁等[64]系统地介绍了国内外河口悬沙通量研究的进展,目前对于河口悬沙通量主要采用模型研究以及水文学、机制分解、仪器直接测量等方法,从理论和实际相结合的角度进行研究。物理模型的研究成果比较直观,但受到模型尺度和精度等的限制;数学模型研究具有快、准的优点,可以给出令人满意的定性结果,但未能达到定量预报的程度;传统的水文学方法可以用来研究河口地区悬移质泥沙在不同动力因子作用下的输移情况;机制分解法是比较成熟和可靠的方法,但该方法与河口动力机制和泥沙输移过程结合不够;使用先进仪器进行直接测量则受到仪器精度和取样点的布设等条件的限制。

（2）河流污染物通量的研究

王卫平等[65]对目前常用的河流污染物通量估算方法进行了分析，根据九龙江的水文水质监测数据，选择高锰酸钾指数与NH_3-N作为代表性水质监测项目，利用各种估算公式对污染物入海通量进行估算，对估算结果进行比较发现，部分公式适用性较好。许朋柱等[66]根据2001—2002水文年115条环太湖河道的同步环境监测资料，对水量及COD_{Mn}、TN（即总氮）和TP的入湖污染物通量进行了估算，通过与20世纪90年代以前相同水文年型的数据进行对比发现，除TP外，其他各种污染物的入湖量均明显增加，且污染物在湖泊中的滞留率也显著提高，认为环太湖河道入湖污染负荷的增加是太湖水环境恶化的根本原因。逄勇等[67]利用珠江三角洲河网区水量数学模型，根据水文资料，计算了各典型年落潮时珠江三角洲河网区各节点的分流比；采用1995年珠江三角洲各主要河道纳污量资料，综合考虑落潮条件下的污染物迁移过程，估算了污染物在河道中的降解量；根据各节点（汊点）的分流比及污染物降解量，分析计算了珠江三角洲河网区主要河道污染物对伶仃洋东四口门污染通量的影响。刘国华等[68]在1993—1997年海河水质监测资料的基础上，计算了各污染因子的污染指数和入海通量，结果表明，海河的污染较严重，各断面的水质等级均在Ⅳ和Ⅴ级的水平，主要的污染因子为NH_3-N、NO_2-N以及有机污染物。王晖[69]结合淮河流域水环境的具体情况，根据各方法的适用性，选取较合理的方法对淮河干流水质断面污染物年通量值做出较合理的估算。在进行COD_{Mn}、NH_3-N的年通量估算时，也计算了BOD_5、COD年通量，各参数年通量之间存在很好的一元线性相关关系，而各参数质量浓度之间并没有良好的一元线性相关关系。

1.2.3 水环境数学模型

环境水质模型是描述参加水循环的水体中各水质组分所发生的物理、化学、生物和生态学等诸多方面变化规律和相互影响关系的数学模型。研究水质模型主要是为了描述污染物在水体中的迁移转化规律，为流域污染规划和水资源管理服务。

发达国家主要采用包括BOD、DO（即溶解氧）、N、P等水质指标的量化技术预测水环境纳污能力[70-74]，通过实施日最大负荷量开展河流纳污量控制和水质管理，建立了QUAL2K、MIKE、WASP6等水环境纳污模型以建立健康水生态系统[75]。

(1) 环境水质模型发展历程

早在1925年,斯特里特和费尔普斯在研究美国俄亥俄河污染问题时就建立了河流水质的第一个模型(简称 S-P 模型)。现在已有不同用途的各种水质模型。90多年以来,国际上对水质模型的开发研究活动可分为三个阶段[76]。

1) 第一阶段:1925—1980年。这个阶段研究的主体是水体水质本身,模型注重分析水质内部组分之间的关系,主要研究受生活和工业点污染源严重污染的河流系统,输入的污染负荷仅强调点源。与水动力传输一样,底泥耗氧和藻类光合及呼吸作用都是作为外部输入,而面污染源仅仅作为背景负荷。该阶段的发展历程简述如下。

a. 1925—1965年:开发了比较简单的生物化学需氧量和溶解氧(BOD-DO)的双线性系统模型,对河流水质问题采用一维计算方法,并成功应用于水质预测。在随后的70多年里,托马斯(H. A. Thomas)、欧康纳(D. J. O'Connor)、多坎(Dobbins-Camp)等许多学者对 S-P 模型提出了各种修正和补充。

b. 1965—1970年:除继续研究 BOD-DO 模型的多维参数估值问题外,水质模型发展为6个线性系统,计算机的应用使水质模型的研究取得突破性进展,计算方法从一维发展到二维,开始计算涉及湖泊及海湾的问题。

c. 1970—1975年:研究发展了相互作用的非线性系统模型。涉及营养物质磷、氮的循环系统,浮游植物和浮游动物系统,以及生物生长率同这些营养物质、阳光、温度的关系,浮游植物与浮游动物生长率之间的关系。其相互关系都是非线性的,将有限差分法、有限元计算应用于水质模型的计算,空间上用一维和二维方法进行计算。

d. 1975—1980年:除继续研究食物链问题外,还发展了多种相互作用系统,涉及与有毒物质的相互作用;空间尺度已经发展到三维;模型中状态变量的数目已大大增加。

2) 第二阶段:1980—1995年。这一阶段模型的发展趋势表现在:①在状态变量(水质组分)数量上有增长;②在多维模型系统中纳入水动力模型;③将底泥等作用纳入模型内部;④与流域模型进行连接以使面污染源能被连入初始输入;等等。

在这一阶段,由于能对流域内面源进行控制,从而使管理决策更加完善;由于将底泥的影响作为模型内部相互作用的过程处理,从而在不同的输入条件下底泥通量能随之改变;由于水质模型的约束更多了,从而大大减少了预测的主观性。

3) 第三阶段:1995年至今。随着发达国家加强对面污染源的控制,面源污染相应减少,而大气中的污染物质,如有机化合物、金属(如汞)和氮化合物等沉降的输入对河流水质的影响越来越大。虽然营养物和有毒化学物质由于沉降直接进入水体表面已经被包含在模型框架内,但是,大气的沉降负荷不仅直接落在水体表面,也落在流域内,再通过流域转移到水体,成为日益重要的污染负荷。从管理的发展要求看,增加这个过程需要建立大气污染模型,即对一个给定的大气流域,能将动态或静态的大气沉降连接到一个给定的水域。所以,在模型发展的第三阶段,增加了大气污染模型,能够像对沉降到水体中的大气污染负荷直接进行评估一样,对来自流域的负荷进行评估。

(2) 常用环境水质模型

随着水质监测自动化技术的发展,以及水质管理的长效性与即时性要求,世界范围内建立了适用于日常最大负荷量水质管理模式、水动力学与水质模型相结合的系统计算工具。常用的水质量化模型有:

1) QUAL2E。QUAL2E 是一个通用的河流水质模型。可按照用户的需求组合模拟 15 种水质成分,包括溶解氧、生化需氧量、温度、作为叶绿素 a 的藻类、有机氮、氨氮、亚硝酸盐、硝酸盐、有机磷、溶解磷、大肠杆菌、任意不守恒物质和 3 种守恒物质。QUAL2E[77-81]模型适用于混合的枝状河流系统,它假设主要的传输机制平流和离散作用只是沿主要流向的变化是显著的(河流或运河的纵轴);它允许多种废物的排放、回收,支流,递增的流入量和流出量。

A. Droltc 等[82]用实测数据校准的 QUAL2E 模型模拟废水对萨瓦河水质的影响,得出在河流枯水期,当实际条件接近校准条件时,模型可作为可靠的工具预测河流水质,用于估算污水处理厂 BOD 最大排放量和最大排放浓度。QUAL2E 模型被广泛应用于北美、欧洲和亚洲的水质管理;但由于 QUAL2E 模型不包含随机变量,不符合英国立法,所以,在英国没被应用。

2) WASP6。WASP6[83]是由美国环保局的 Ambrose 等人在 WASP 基础上开发的新版本水质分析模拟模型,目前该模型已经升级为 WASP7。WASP6 是一动态箱式模型,可以是一维、二维、三维等三种不同的空间维数,能用于分析各种不同水体的水质,如池塘、小溪、湖泊、水库、河流、河口和海水。WASP6 与修正的物理模型 ECOM – si 组合成新的三维模型,Vuksanovic、Zheng 等[84,85]用此模型模拟美国佐治亚州 Satilla 河口潮汐对水体 BOD、DO 的影响。Kao 等[86]采用 AGNPS 和 WASP 融合模型模拟水库 P 的变化,模型很好地模拟了水库水体 P 的空间分布以及底泥 P 的释放率。

3) MIKE – 11。MIKE – 11[87]由丹麦水力研究院(Danish Hydraulic Institute,DHI)开发。最初的 MIKE – 11 系列产品于 1972 年发布,是一维水力学模型,可用于模拟河流或小溪水体动力学,并且可以增加平流 – 紊流、水质、底泥迁移转化、富营养化以及降雨径流模块。MIKE – 11 可以用于河流和河口的水质模拟。MIKE – 11 还常用于防洪和城市污染管理中，评价非连续市政废水排放对河流或河口水质的影响[88]。

4）ISIS。ISIS 模型是在 ONDA 和 SALMON – Q 模型的基础上发展而来的，由英国的 Consultancy Halcrow 开发。ISIS 是一个动态模型，能用来模拟水流和水质，但主要用于洪水防御方面的水量模拟。ISIS 水质模块能模拟一系列水质要素，包括一般的守恒和降解污染物、大肠杆菌、盐类、温度、pH、DO、BOD、有机碳和氮、氨氮、浮游植物、大型植物、底栖藻类、吸附态磷、硅酸盐和黏附态底泥，另外，还能模拟一些底泥和底泥上覆水的交换过程。

此外，QUASAR[89-91]、MOHID[92]、HEM – 2D[93]、DYRESM[94-96]、Delft3D[97-100]等也用于环境水质管理。

1.2.4 水信息与水环境空间数据挖掘

（1）空间数据挖掘的内涵

数据挖掘（data mining，DM）[101]是从大量数据中寻找其规律的技术，主要有数据准备、规律寻找和规律表示三个步骤。数据准备是从各种数据源中选取和集成用于数据挖掘的数据，规律寻找是用某种方法将数据中的规律找出来，规律表示是用尽可能符合用户习惯的方式（如可视化）将找出的规律表示出来。数据挖掘在自身发展的过程中，吸收了数理统计、数据库和人工智能中的大量技术。根据信息存储格式，用于数据挖掘的对象有：关系数据库、面向对象数据库、数据仓库、文本数据源、多媒体数据库、空间数据库、时态数据库、异质数据库以及 Internet 等。

空间数据挖掘（spatial data mining，SDM）[101]，或称为从空间数据库中发现知识（knowledge discovery from spatial databases），是数据挖掘研究领域的拓展与空间数据大量应用的结果，是指从空间数据库中抽取没有清楚地表现出来的隐含的知识和空间关系，并发现其中有用的特征和模式的理论、方法和技术。严格地说，空间数据挖掘这一学科采用空间数据挖掘和知识发现（spatial data mining and knowledge discovery，SDMKD）这一名称更为确切。事实上，空间数据挖掘和知识发现的过程大致可分为以下多个步骤：数据准备、数据选择、数据预处理、数据缩减或者数据变换、确定数据挖掘目标、确定知识发现算法、数据挖掘、模式解释、知识评价等，而数据挖掘只是其中的一个关键步骤。为了简便，人们常常用空间数据挖掘来代替空间数据挖掘和知识发现。

空间数据挖掘系统结构大致分为三层。第一层是数据源，指利用空间数据库或数据仓库管理系统提供的索引、查询优化等功能获取和提炼与问题领域相关的数据，或直接利用存储在空间立方体中的数据，这些数据可称为数据挖掘的数据源或信息库。第二层是挖掘器，是利用空间数据挖掘系统中的各种数据挖掘方法分析被提取的数据以满足用户的需求。第三层是用户界面，是使用多种方式（如可视化工具）将获取的信息和发现的知识反映给用户，用户对发现的知识进行分析和评价，并将知识提供给空间决策支持使用，或将有用的知识存入领域知识库内。

空间数据挖掘的任务可以概括如下：在空间数据库和数据仓库的基础上，综合利用统计学、模式识别、人工智能、粗集、模糊数学、机器学习、专家系统、可视化等领域的相关技术和方法，以及其他相关的信息技术手段，从大量的空间数据、管理数据、经营数据或遥感数据中析取可信的、新颖的、感兴趣的、隐藏的、事先未知的、潜在有用的和最终可理解的知识，从而揭示蕴藏在空间数据背后客观世界的本质规律、内在联系和发展趋势，实现知识的自动或半自动获取，为管理和经营决策提供依据。

（2）**空间数据挖掘研究进展**

在传统数据挖掘发展与海量空间数据积累的推动下，国内外研究人员对空间数据挖掘展开了积极的研究。1993 年，加拿大西蒙弗雷泽大学计算机科学系的韩家炜教授（现为美国伊利诺伊大学教授）领导的研究小组[102-104]较早对此进行了系统、全面的研究，并在 MapInfo 平台上建立了空间数据挖掘的原型系统 Geominer，实现了空间数据特征描述、空间关联、空间聚类、空间分类等空间数据挖掘方法；德国慕尼黑大学的研究小组[105-109]对空间数据库操作原语、空间概化、空间趋势分析、空间或多媒体的相似搜索、空间聚类与空间异点探查等进行了广泛的研究；德国康斯坦茨大学 Hao 等[110-112]对空间数据与数据挖掘可视化做了系统的研究，并对多媒体数据库的相似搜索与空间聚类做了研究；美国明尼苏达大学沙克哈教授领导的空间数据库与空间数据挖掘研究小组[113-115]对空间数据挖掘多个前沿方向进行了研究，如空间离群点查找、空间位置相关规则、空间位置预测等；华盛顿大学 Wehrens 等[116,117]对基于模型的聚类贝叶斯模型评价等进行了研究；缅因大学 Nittel 等[118-120]对空间聚类、空间变化探测、空间相似性探测等进行了研究；澳大利亚弗林德斯大学的知识发现与管理实验室[121,122]对聚类数据可视化技术等做了研究；加拿大大不列颠哥伦比亚大学 Ng 等[123,124]对空间聚类、空间离群点探查与影相似搜索做了研究。这些研究者大多具有计算机科学背景，他们一般把空间数据挖掘作为数据挖掘的一个应用领域，研究的重点是提高原先数据挖掘算法在空间数据库的执行效率，开发新的模型与算法以及挖掘结果表达；另一些研究者通常具有地学背景，在地理信息获取、遥感的影像识别等方面做了大量的空间数据挖掘工作。

国内，武汉大学的李德仁教授最早提出从 GIS 数据库发现知识的建议，提出从 GIS 数据库中可以发现包括几何信息、空间关系、几何性质与属性关系以及面向对象知识等多种知识[101]；北京大学的宋国杰等[125]对空间特征选择方法进行了研究；陈冠华[126]对空间数据挖掘语言进行了研究。中国矿业大学、福建师范大学、南京大学、南京航空航天大学、中南大学、国防科技大学、中国地质大学、福州大学、重庆大学、中国科学院资源与环境信息系统国家重点实验室、中国科学院遥感应用研究所、合肥智能机械研究所等单位的学者也开展了空间数据挖掘的研究。

（3）水环境的空间数据挖掘与可视化

笔者认为，水环境空间数据挖掘（water environment spatial data mining, WESDM）是指利用空间数据挖掘的方法对水环境进行研究，通过水环境时空定量信息获取与数据挖掘处理，解析流域水环境时空演变规律及其过程的动力学原理，探索人类活动与其依存的水环境之间的相互作用机理、水资源演化规律与可再生性机理，进行水资源承载力与水环境容量识别和调控过程中的智能控制与优化。

空间数据挖掘方法[101]有很多，其在水环境分析过程中将发挥越来越重要的作用。目前，常用的空间数据挖掘方法主要有：基于概率论的方法、空间分析法、统计分析法、归纳学习法、空间关联规则方法、聚类和分类方法、空间离群挖掘模式、时间序列分析法、神经网络方法、决策树方法、基于证据理论的方法、基于粗集理论的方法、基于模糊集理论的方法、遗传算法、基于云理论的方法、空间在线数据挖掘方法、数据可视化方法等。

可视化数据挖掘的目的是使用户能够交互地浏览数据、挖掘过程等，当所要识别的不规则事物是一系列图形而不是数字表格时，人的识别速度是最快的。对水环境进行可视化的数据挖掘，能够便捷地认识水环境要素的时空变化规律，更好地为水环境的可持续发展服务。

水环境可视化数据挖掘可分为三类。源数据可视化：数据库和数据仓库的数据具有不同的粒度或不同的抽象级别，能用多种可视化方式进行描述，比如三维立方体或曲线等。数据挖掘结果可视化：将数据挖掘后得到的知识和结果用可视化形式表示出来，比如柱状图等。数据挖掘过程可视化：用可视化形式描述各种挖掘过程，从中用户可以看出数据是从哪个数据仓库或数据库中被抽取出来，怎样抽取以及怎样预处理，怎样挖掘等。

1.3 研究目的、方法与内容

1.3.1 研究目的与方法

(1) 研究目的

本研究以钱塘江流域为研究对象，通过基础调查和水环境空间资料的获取，获得对研究区域水环境的基本认识，对流域进行水质评价，分析近年来的水质演变趋势；通过对研究区域的野外水文测量和水质监测分析，获取和推算水文情景，运用水环境空间数据挖掘的原理与方法，对不同水文情景/情势的水环境模拟结果进行分析，解析水环境流场的时空演变规律及其过程的动力学原理，探索人类活动依存的水环境主要污染物通量的时空演化规律与趋势；建立基于 GIS 的流域水环境水质污染预报和污染物通量决策支持系统，实现研究成果的可视化，为环境监测和管理部门提供科学、便捷的决策依据。

(2) 研究手段与方法

采用理论研究和实践相结合的方法，通过专业水文测量仪器获取可靠的水环境空间测量数据，通过国家标准水样分析方法获得可靠的水质分析数据，综合运用环境评价技术、系统动力学原理、水环境空间建模技术、可视化空间数据挖掘技术、基于 MapX 和 C#.net 平台的系统开发技术、情景分析方法等对水环境进行规律解析，为区域水环境管理、水环境容量的合理利用及经济可持续发展提供理论保障和技术支持。

1.3.2 技术路线与研究内容

本研究内容共有以下五部分。

(1) 河流污染物通量及水环境测量的技术与方法

1) 水环境容量与污染物通量的关系及钱塘江流域水环境容量研究。通过对水环境容量的内涵[定义、相关概念、参考（设定）水文条件、确定原则]的分析，研究水环境污染物通量的内涵及其与水环境容量的关系；对钱塘江流域水环境容量研究的方法（评价指标、计算单元划分、计算模型、参数选取与模型验证等）进行分析，为主要污染物通量的研究提供借鉴。

2) 河流污染物通量计算方法。分析前人研究中常用的河流污染物通量估算方法（通量估算的影响因素、估算方法的比较），在此基础上，提出本研究河流污染物通量的测算原理与方法（基于"工况测量/水质分析→流场模拟→污染规律解析→通量情景模拟→时空规律分析"的研究方案）。

3）河流水环境测量的技术与方法。制订野外工况测量的方案，进行水环境测量材料与方法的准备，分析基于 ADCP 的流量/流速测量与数据处理的基本原理，对氨氮和总磷的水质测定方法（原理、仪器、试剂、测定步骤、结果的计算与表示等）进行界定。

（2）河流水环境模拟数学模型的建立

1）钱塘江流场模型的建立。建立钱塘江干流研究区域流场数学模型的控制方程，对模型的定解及初始条件、边界条件、计算方法和稳定性条件进行研究。

2）钱塘江污染物通量模型的建立。在剖析通量模型基础（水力学模型、单一河流水质模型、河网水质模型结构）的前提下，建立主要污染物通量模型的控制方程，对关键参数（纵向离散系数、氨氮降解系数、总磷降解系数）进行处理，并对模型的参数取值和定解条件进行分析。

3）钱塘江污染物预报模型的建立。建立钱塘江（研究河段）突发污染事故水质预报模型的基本方程，并对模型的定解条件及解法进行分析。

（3）河流不同工况下流场测量与工况模拟

1）钱塘江流域概况调查。对钱塘江流域的自然环境概况（地理位置、气象气候、地形地貌、地质特征、水文特征、土壤和植被等）和社会环境概况（行政区划与人口、农业经济和工业经济的发展现状等）进行调查，获得对研究区域的基本认识；对研究区域的水文概况（水文特征、降水量特征、地表径流特征、蒸发量特征等）进行调查，获得模拟研究的基础数据。

2）流场测量与监测数据获取。对监测年（2006 年）的研究河段进行实地踏勘，确定野外工况测量的方案，合理布设测量断面，获得测量断面情况，对 3 个水文时期的测量结果进行处理，获得水文监测数据。

3）不同工况流场的模拟。在水文监测数据的基础上，对研究区域进行网格划分，确定初始条件，参考前人的研究进行参数设置，对流场的可靠性进行验证。

4）流场模拟结果及其对污染物扩散的影响分析。根据研究区域模拟分段的情况，对上游段和下游段流场模拟结果进行分析，重点对兰江口和浦阳江口汇流区进行剖析，探讨流场对污染物扩散的影响。

（4）钱塘江主要污染物时空变化规律与通量模拟

1）钱塘江流域水质概况分析。对研究区域水环境污染进行调查，确定污染源，根据水环境监测的指标、评价标准与方法对流域水质进行评价，解析现状年水质评价结果和近年来流域水质变化趋势。

2）氨氮、总磷浓度时空变化规律解析。根据项目监测年不同时期氨氮和总磷的水质监测数据，基于通量联合方程中的水质方程对 2 种污染物进行浓度模拟，解析其时空变化规律和特征。

3）通量模拟的水环境与水文概况分析。调查研究区域水环境功能区概况，建立 GIS 背景图层；对通量模拟的水文情景进行分析，计算研究区域不同河段不同水文情景/情势的断面流量。

4）不同水文情景氨氮、总磷通量模拟与分析。根据调查、测量和计算的基础数据，对不同水文情景氨氮、总磷通量进行模拟，分析污染物允许通量 ΔT 的趋势特点、不同水平年的比例特征、不同水文时期的比例特征。

（5）**基于 GIS 的水质预报与污染物通量决策支持系统的建立**

1）系统基本情况与研发情况。分析系统河流分段情况，建立水环境时空数据库（Map 图层空间型数据库和 Access 关系型属性数据库），基于 MapX 和 C#.net 平台进行系统的构建与开发。

2）水环境模拟数学模型及通量决策的 GIS 集成。确立 GIS 与一维水质模型的集成基本流程、污染物通量决策与 GIS 集成基本流程，实现模型与 GIS 的集成。

3）系统功能操作与案例应用。介绍系统主界面与功能模块、图层控制界面与主要窗体，对环境水质污染预报应用（预报功能模块的结构特征、模拟过程和预报结果可视化输出）以及污染物通量决策支持应用（通量决策功能模块的结构特征、通量决策查询应用与结果可视化输出）进行解释。

本研究的技术路线见图 1-1。

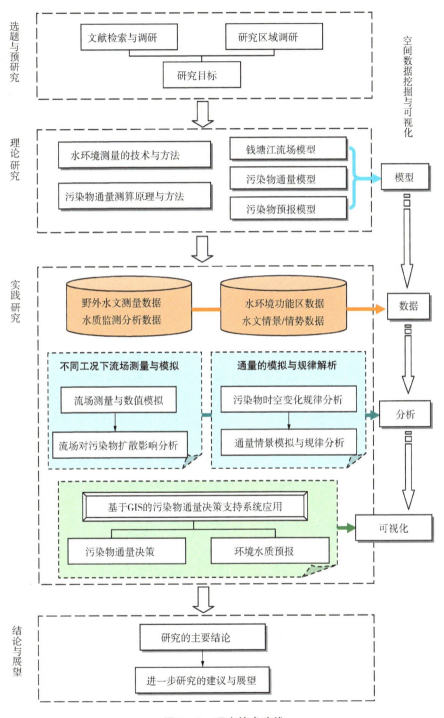

图1-1 研究技术路线

第2章 河流污染物通量及水环境测量的技术与方法

2.1 水环境容量与污染物通量的关系及河流水环境容量

2.1.1 水环境容量的内涵

（1）水环境容量的定义

根据《全国水环境容量核定技术指南》（中国环境规划院，2003）的定义，在给定水域范围和水文条件，规定排污方式和水质目标的前提下，单位时间内该水域最大允许纳污量，称为水环境容量（water environment capacity）。水环境容量的确定是水污染物实施总量控制的依据，是水环境管理的基础。

水环境容量是在对流域水文特征、排污方式、污染物迁移转化规律进行充分科学研究的基础上，结合环境管理需求确定的管理控制目标。水环境容量既反映流域的自然属性（水文特性），也反映人类对环境的需求（水质目标）。水环境容量将随着水资源情况的不断变化和人们对环境需求的不断提高而发生变化。

（2）水环境容量的相关概念

1）基准水环境容量。是一个口语化的名称，指的是采用90%保证率、近10年最枯月全国基准设计条件下计算的水环境容量，有别于北方可以采用75%保证率或者近10年最枯季计算的参考容量。

2）理想水环境容量。以工业、生活点源作为模型正向输入条件，模拟计算结果为理想水环境容量。

3）水环境容量。扣除各控制单元非点源入河量、来水本底后，得到水环境容量。

4）最大允许排放量。按照各控制单元工业、生活入河平均系数，反向折算到陆上，得到最大允许排放量。

(3) 水环境容量的参考（设定）水文条件

水环境，对于河流，指河段内的水位、流速和流量等条件；对于湖库，指湖库的水位、库容和流入流出条件。一般条件下，水文条件年际、月际变化非常大。作为计算水环境容量的重要参数，各流域一般可选择 $30Q_{10}$（Q_{10} 为近 10 年最枯月平均流量）作为设计流量条件，$30V_{10}$（V_{10} 为近 10 年最枯月平均库容）作为湖库的设计库容。

(4) 水环境容量的确定原则

水环境容量的确定，要遵循以下两条基本原则：

1) 保持环境资源的可持续利用。要在科学论证的基础上，首先确定合理的环境资源利用率，在保持水体有不断的自我更新与水质修复能力的基础上，尽量利用水域环境容量，以降低污水治理成本。

2) 维持流域各段水域环境容量的相对平衡。影响水环境容量确定的因素有很多，筑坝、引水、新建排污口、取水口等都可能改变整个流域内水环境容量分布。因此，水环境容量的确定应充分考虑当地的客观条件，并分析局部水环境容量的主要影响因素，以利于从流域的角度合理调配环境容量。

2.1.2 水环境污染物通量的内涵及其与水环境容量的关系

(1) 水环境污染物通量的内涵

通量（flux）是指某种物质在每秒内通过每平方厘米假想平面的摩尔数。物质通量（mass flux）是指在一定时间内通过研究断面的物质总量，这一概念为地学界所惯用。

水环境污染物通量（water environment contamination fluxes）是指水环境（河流、河口、湖泊、水库等水体）中的污染因子［无机和有机污染物等，如 COD_{Mn}、NH_3-N、Cd、$PAHs$（多环芳烃）等］在一定时间内通过研究断面的总量。特别地，河流污染物通量（river contamination fluxes）是指污染因子在单位时间内通过研究断面的该物质总量，单位可表示为克每秒（g/s）、吨每年（t/a）。

水环境污染物允许通量（tolerance fluxes，本研究中用 ΔT 表示）是指在一定的水质目标条件下，允许污染因子在单位时间内通过研究断面的该物质总量，单位可表示为克每秒（g/s）、吨每月（t/m）、吨每时期（t/p）[1]、吨每年

---

[1] 此处"吨每月、吨每时期"两个单位为作者自定义，仅在本研究中使用。其中，月用 m 表示，（水文）时期用 p 表示。水文时期是指平水期（3—5 月和 10 月）、丰水期（6—9 月）和枯水期（11 月至翌年 2 月）这三个时期。

(t/a)。

（2）水环境污染物通量与水环境容量的关系

根据"2.1.1（1）水环境容量的定义"，水文条件、排污方式、水质目标和单位时间是水环境容量的重要约束因素，每一个因素都在不同程度上对水环境容量的大小起一定的作用，对水污染物实施总量控制有重要的实践意义。研究各个约束条件对水环境容量的影响具有重要的理论意义和实践价值。

根据 2.1.2（1）中水环境污染物允许通量的定义，水质目标和单位时间是其重要的因素。由于污染物所处河流水体的水文条件呈现动态变化的特征，因而，不同的水文情景河流污染物通量值亦不同；由于污染物所处河流不同河段的水环境功能区不同，因而，不同的水质目标对应的污染物允许通量值亦不同。

从以上分析可以看出，水环境污染物允许通量是研究水环境容量的重要途径，水文条件和水质目标在允许通量的计算中有重要的作用，将影响到水环境容量的计算，进一步影响到管理部门对流域水环境管理中水污染物总量控制的实施。

根据"2.1.1（3）水环境容量的参考（设定）水文条件"，在实际水环境容量的核算中，对水文条件采用 90% 保证率的做法，这样计算的结果是得到一种水文情景下的水环境容量。

根据"2.1.1（4）水环境容量的确定原则"，要"尽量利用水域环境容量，以降低污水治理成本"以及"应充分考虑当地的客观条件，并分析局部水环境容量的主要影响因素，以利于从流域的角度合理调配环境容量"，结合钱塘江流域河流水文年际和年内变化较大的特点，进行不同水文情景下的水环境污染物允许通量的研究，对合理利用本流域的水环境容量意义重大。

本研究通过野外测量，建立水环境数学模型，解析研究流域河流中水环境污染物的时空变化规律，研究不同水文情景下水环境污染物允许通量，获得不同水文条件（水平年、水文时期和月份）下重要污染因子（NH_3-N 和 TP）的允许通量，研发基于 GIS 的污染物通量决策支持系统，为实现流域水污染物总量控制指标由固定值到情景值、由年度控制到时期控制和月份控制以及可视化决策管理提供重要的科学依据和技术支持。

2.1.3 钱塘江流域水环境容量研究的方法

钱塘江流域水环境容量研究，是为了认真贯彻和落实国家原环境保护总局《关于印发全国地表水环境容量和大气环境容量核定工作方案的通知》（环发〔2003〕141 号）和《关于加强环境容量测算工作的通知》（环办〔2003〕116

号),做好"十一五"环境保护计划及相关计划,以钱塘江流域水质功能目标为控制目标,确定流域范围各行政区、干流、支流 COD 和氨氮水环境容量,改善水质 COD 和氨氮水环境容量核算技术,为实施流域主要污染物排放总量控制以及促进经济又好又快发展提供依据。

(1) 水环境容量评价指标

钱塘江流域水环境容量研究,是依据《关于印发全国地表水环境容量和大气环境容量核定工作方案的通知》(环发〔2003〕141 号)和《关于加强环境容量测算工作的通知》(环办〔2003〕116 号),根据《全国水环境容量核定技术指南》,选择 COD_{Cr} 和氨氮作为水环境容量计算因子,以《浙江省水功能区、水环境功能区划分方案》[127]所确定的陆域和水域为计算范围,以其目标年份水质作为管理目标,采用节点法,将水环境功能区划分成计算单元,选择各水体相适应的计算模型,输入模型所需参数,如水文参数、污染负荷、综合降解系数等。

(2) 水环境容量计算单元划分

计算单元是容量计算的基本单位。水环境容量计算单元的划分采用节点划分法,即从保证重要水域水体功能和保持计算条件稳定的角度出发,概化河流,在考虑大中城市及重要工业区、工业企业生活区等重要和敏感的区域或断面及水文节点的条件下,把河道划分为若干较小的单元进行水环境容量计算。河流概化及环境功能区水域和陆域划分方法与水体纳污能力计算单元划分方法相同。依据概化后流域、功能区范围和概化后污染源的位置,将钱塘江流域划分为 426 个计算单元。

1) 划分依据:①《浙江省水功能区、水环境功能区划分方案》;②流域内概化的排污入河口位置;③行政区界线;④重要的水质控制断面。

2) 划分原则:①水陆统筹考虑原则;②不跨水环境功能区划原则;③不跨县级行政区范围原则;④根据流域自然特征及行政区域范围划定计算单元陆域范围原则。

(3) 水环境容量计算模型

根据水环境功能区的实际情况,钱塘江上游以山区性河流为主,富春江干流以下则为感潮河段,河口潮差大,属强潮汐河口。因此,在流域水环境容量计算过程中,山区性河流选用一维水环境容量模型,其中,河宽较大的河段选择结合不均匀系数一维水环境容量模型;感潮河段选择二维稳态模型结合混合区或污染带的范围进行容量计算;湖库和河网采用零维方式计算,并用不均匀系数校正。具体模型如下。

1) 山区性河流[128-131]。对于河流而言,一维模型假定污染物浓度仅在河流纵向上发生变化，主要适用于同时满足以下条件的河段：①宽浅河段；②污染物在较短的时间内基本能混合均匀；③污染物浓度在断面横向方向变化不大，横向和垂向的污染物浓度梯度可以忽略。钱塘江流域上游河段符合上述条件，因此，选用一维水质模型进行水质预测。

在忽略离散作用时，描述河流污染物一维稳态衰减规律的微分方程为（遵循一级反应动力学）：

$$\frac{dC}{dt} = -KC \tag{2.1}$$

式中：C 为污染物质量浓度（以下称为"浓度"）。

假设 K 为常数，不随时间和河长的变化而变化，对式（2.1）进行积分可得：

$$C = C_0 \cdot \exp\left(-\frac{KL}{u}\right) \tag{2.2}$$

假定一段河流，上游来水流量为 Q_0'，浓度为 C_0'，在起始端有一污染源流量为 Q_p，浓度为 C_p，不考虑混合过程而假定在排污口断面瞬时完成均匀混合，即假定水体内在某一断面处或某一区域之外实现均匀混合。则有如下推导：

$$C = \frac{Q_0'C_0' + Q_pC_p}{Q_0' + Q_p}\exp\left(-\frac{KL}{u}\right) \tag{2.3}$$

令 $Q_0' + Q_p = Q$，$Q_pC_p = W$，则：

$$C = \frac{Q_0'C_0' + W}{Q}\exp\left(-\frac{KL}{u}\right) \tag{2.4}$$

（注：以上公式均未考虑单位换算系数。）式中：u 为河流断面平均流速，单位为 m/s；L 为沿程距离，单位为 m；K 为污染物综合降解系数，单位为 d^{-1}；C 为沿程污染物浓度，单位为 mg/L；C_0 为上游来水污染物浓度，单位为 mg/L；W 为污染物源强，单位为 g/s。

对于一边界条件明确的河段，输入所有参数值与计算条件进行水质模拟，当 $C = C_s$（目标水质）时，此时的 W 即为该河段的水环境容量。对于较宽的河流，在计算公式引入不均匀系数校正，其计算公式为：

$$W = 31.536 \cdot \alpha \cdot \left[C_s(Q_0 + Q_p) \cdot \exp\left(\frac{KL}{86100u}\right) - Q_0C_0\right] \tag{2.5}$$

式中：W 为容量，单位为 t/a；Q_0 为进口断面的入流流量，单位为 m³/s；Q_p 为废水流量，单位为 m³/s；α 为不均匀系数；C_s 为目标水质浓度，单位为 mg/L；C_0 为上游来水污染物浓度，单位为 mg/L；K 为污染物综合降解系数，单位为 d^{-1}；L 为河段长度，单位为 m；u 为平均流速，单位为 m/s。

2)湖泊和水库。当以年为时间尺度来研究湖泊、水库的富营养化过程时,往往可以把湖泊看作一个完全混合反应器。这样的基本方程为:

$$\frac{VdC}{dt} = QC_0 - QC + \gamma(C)V \tag{2.6}$$

式中:V 为湖泊中水的体积,单位为 m^3;Q 为平衡时流入与流出湖泊的流量,单位为 m^3/a;C_0 为流入湖泊的水量中水质组分浓度,单位为 g/m^3;C 为湖泊中水质组分浓度,单位为 g/m^3;$\gamma(C)$ 为水质组分在湖泊中的反应速率。

当所考虑的水质组分在湖泊中转化降解,反应符合一级反应动力学,则:

$$\gamma(C) = -KC$$

代入式(2.6)有:

$$\frac{VdC}{dt} = QC_0 - QC - KCV \tag{2.7}$$

当反应处于稳定状态时,$dC/dt = 0$,则:

$$C = \frac{QC_0}{Q + KV} \tag{2.8}$$

当 C 为湖泊功能区要求目标水质 C_s 时,则上式变为:

$$W = 31.536 \cdot \alpha \cdot [Q_0(C_s - C_0) + KVC_s/86400] \tag{2.9}$$

式中:W 为水环境容量,单位为 t/a;Q_0 为进口断面的入流流量,单位为 m^3/s;C_0 为进口断面的入流水质浓度,单位为 mg/L;α 为不均匀系数;C_s 为该水体目标水质浓度,单位为 mg/L;V 为水体体积,单位为 m^3;K 为污染物降解系数,单位为 d^{-1}。

3)感潮河段[132,133]。由于钱塘江下游感潮河段河宽在 500 m 以上,因此,采用二维稳态模型计算。在恒定均匀的水流中,由一个恒定的时间连续点源所引起的浓度(扩散系数 3 个方向相同且是常量 E)原始微分方程为:

$$\frac{\partial C}{\partial t} + u\frac{\partial C}{\partial x} = E\left(\frac{\partial^2 C}{\partial x^2} + \frac{\partial^2 C}{\partial y^2}\right) \tag{2.10}$$

考虑河流本底浓度为 C_0 的降解,则其解析解为:

$$C(x,y) = \frac{M}{H\sqrt{u\pi x E_y}} e^{\left[-\frac{y^2 u}{4E_y x} - \frac{(2B-y)^2 u}{4E_y x} - K\frac{x}{u}\right]} + C_0 e^{\left(-K\frac{x}{u}\right)} \tag{2.11}$$

则当 $C(x,y) = C_s$ 时,水环境容量计算模式为:

$$W = 31.536 \cdot \left[C(x,y) - C_0 \exp\left(-K\frac{x}{86400u}\right)\right] H\sqrt{u\pi x E_y} \cdot$$

$$\exp\left[\frac{y^2 u}{4E_y x} + \frac{(2B-y)^2 u}{4E_y x} + K\frac{x}{86400u}\right] \tag{2.12}$$

当河宽 $B > 200$ m 时,上式可以简化为:

$$W = 31.536 \cdot \left[C(x,y) - C_0 \exp\left(-K \frac{x}{86400u} \right) \right] H \sqrt{u\pi x E_y} \cdot$$
$$\exp\left(\frac{y^2 u}{4E_y x} + K \frac{x}{86400u} \right) \tag{2.13}$$

式中：W 为水环境容量，单位为 t/a；$C(x,y)$ 为控制点（混合区下边界）的水质标准浓度，单位为 mg/L；C_0 为排污口上游污染物浓度，单位为 mg/L；K 为污染物综合降解系数，单位为 d^{-1}；H 为设计流量下污染带起始断面平均水深，单位为 m；x 为沿河道方向变量混合带长度，单位为 m；y 为沿河宽方向变量，单位为 m；u 为设计流量下污染带内的纵向平均流速，单位为 m/s；E_y 为横向混合系数[133]，取 6 m²/s。

模式中，x,y 为所求点的横坐标及纵坐标，$C(x,y)$ 即为该计算点的浓度，设污染源为 (0, 0)，则 W 为 (x,y) 处的环境容量。在计算最不利条件时，假设 y 值为零，x 取值采用以下公式：

$$x \leq 0.991 Q^{\frac{1}{2}} \tag{2.14}$$

4) 平原河网。将平原河网看作一个整体，视为一个湖泊，选择湖泊、水库的计算公式。这种处理方法[134]已经在杭嘉湖平原河网的水环境容量研究中得到验证。

(4) 参数选取与模型验证

水环境容量计算模式中涉及多个参数，如设计流量、流速及综合降解系数等，有关参数识别率定分析如下。

1) 水文参数的确定。

a. 江河设计流量的确定。由于各水文站的设站时间、测验项目的监测起讫时间不同步，为使资料具有较好的一致性，需根据各站的具体情况，采用不同的方法对资料进行插补和延长。

为分析计算各功能区设计流量，以钱塘江流域 16 个水文代表站不同水文保证率长系列日平均流量及集水面积为样本，建立设计流量与集水面积的相关关系。其公式为：

$$\lg Q = a \cdot \lg S - b \tag{2.15}$$

式中：Q 为流量，单位为 m³/s；S 为集水面积，单位为 km²；a,b 为系数。

综合分析后确定系数 a 和 b，作为推算流量的依据。实际计算时，可根据各功能区集水面积求得相应的设计流量，与实测流量验证后计算所得的流量结果可使用。

将分析计算的各功能区设计流量进行上下游及相邻流域的合理性分析，综合平衡，最后确定设计流量结果。

b. 感潮河段设计水量的确定。钱塘江的河口段受潮汐影响较大,计算其多年平均潮差和潮量[135],叠加上游来水流量作为计算水文条件。

c. 湖泊、水库和平原河网的水文设计条件。湖泊、水库采用90%水文保证率最低月平均水位或近10年最低月平均水位相应的蓄水量[136]。由于河网的计算方式与湖泊、水库相同,将其河道总容积作为其库容。

d. 设计流速的确定。对一般河流,控制断面的实测流量与断面平均流速有如下指数关系:

$$u = cQ^d \tag{2.16}$$

式中:u 为断面平均流速,单位为 m/s;Q 为断面流量,单位为 m^3/s;c,d 为系数。

根据钱塘江流域16个水文站实测中、低水流量资料,综合分析后确定系数 c 和 d,作为由流量推算流速的依据。

对感潮河段,根据已有的感潮河段的地形数据[137],结合流量,计算流速。

2) 计算参数的选择。

a. 综合降解系数的选择。钱塘江流域水环境容量计算模式中有关降解系数依据《全国水环境容量核定技术指南》提出的数值,并参考浙江大学水文与水资源工程研究所的实测。钱塘江干流、支流河段不同属性水体综合降解系数(K)[138-143]见表2-1。

表2-1 钱塘江各水体降解系数

区 域	水 体 性 质	K_{COD}	K_{NH_3-N}
常山港、分水江、乌溪江、江山港、浦阳江、新安江及其他支流源头部分	山区性河流-支流	0.20～0.25	0.10～0.15
衢江、富春江、兰江	山区性河流-干流	0.20～0.25	0.10～0.15
东阳江、武义江、金华江	山区性河流-支流	0.15～0.20	0.04～0.09
钱塘江	感潮河段	0.30	0.20
千岛湖等湖泊、水库	湖泊、水库	0.03～0.05	0.02～0.03

b. 不均匀系数的选择。一般性河流及感潮河段的不均匀系数[144,145]见表2-2。

表2-2　河流不均匀系数

河宽/m	不均匀系数	河宽/m	不均匀系数
<30	≥0.7	200~500	0.3~0.4
30~100	0.5~0.7	500~800	0.2~0.3
100~200	0.4~0.5	>800	≤0.2

2.2　河流污染物通量计算方法

2.2.1　常用的河流污染物通量估算方法

（1）污染物通量估算的影响因素

随着污染物总量控制制度的深入实施，污染物跨境管理的重要性日益突出，而掌握河流污染物跨境通量的时空分布，便于落实污染物总量控制制度，减少边界纠纷以及为污染治理决策提供依据。河流污染物通量的估算常常受到各种实测误差的影响。通量估算的实测误差来源包括测流误差、水质采样误差、水质分析误差、断面离散采样的代表性不强、采样频率带来的误差等。估算取向是影响河流时段通量估算误差的主要来源：由于污染源汇集特性不同，不同污染物的点源、非点源比例不同，因此，在实测水质时期之间的通量取值会存在一定的随意性。

（2）污染物通量估算的方法比较

河流时段通量的估算方法大致有四种类型：分时段通量之和[146-149]、时段平均浓度与时段水量之积[150,151]、通量频率分布之和[152]、对流-扩散模式[153]。其中，对流-扩散模式的推导采用了河口盐度平衡的假设，仅适用于枝状河口，对感潮河网地区是不适用的[154]；类似地，采用浓度梯度及纵向离散系数的方法更适合于数值模拟而不是实测。较为常用的为前2种类型。这2种类型中后者比前者粗略。Webb等[155]采用实测断面平均浓度、样品时间平均浓度、断面瞬时流量、采样期间平均流量、采样代表平均流量等概念，用这2类方法构造了5种时段通量的计算公式，利用英国一些河流数据对2种方法进行了评估。评估结果认为，各种方法估算的结果相差较大，方法取舍需要进一步研究和改进。Webb等所述的5种时段估算方法见表2-3。

表2-3　河流时段通量的估算方法、特点及应用范围分析

方法	时段通量（W）的估算公式	对流通量	离散通量	时段通量估算方法要点	应用范围
A	$K \sum_{i=1}^{n} \frac{C_i}{n} \sum_{i=1}^{n} \frac{Q_i}{n}$	√	×	瞬时浓度 C_i 平均与瞬时流量 Q_i 平均之积	用于对流项远大于时均离散项的情况，弱化径流量的作用
B	$K \left(\sum_{i=1}^{n} \frac{C_i}{n} \right) \overline{Q}_r$	√	×	瞬时浓度 C_i 平均与时段平均流量 $\overline{Q}_r$ 之积	用于对流项远大于时均离散项的情况，强调径流量的作用
C	$K \sum_{i=1}^{n} \frac{C_i Q_i}{n}$	√	√	瞬时通量 $C_i Q_i$ 平均	弱化径流量的作用，较适合点源占优的情况
D	$K \sum_{i=1}^{n} C_i \overline{Q}_r$	√	√	瞬时浓度 C_i 与代表时段平均流量 $\overline{Q}_r$ 之积的总和	强调径流量的作用，较适合非点源占优的情况
E	$K \dfrac{\sum_{i=1}^{n} C_i Q_i}{\sum_{i=1}^{n} Q_i} \overline{Q}_r$	√	√	时段通量平均浓度 $\dfrac{\sum_{i=1}^{n} C_i Q_i}{\sum_{i=1}^{n} Q_i}$ 与时段平均流量 $\overline{Q}_r$ 之积	强调时段总径流量的作用，较适合非点源占优的情况
备注	n 为估算时间段内的样品数量，K 为估算时间段转换系数（取时段长度）。				

　　河流过流断面的污染物通量是过流流量与污染物浓度的函数，污染物通量的年内变化与径流的降雨产流过程相关，污染物浓度与径流量的大小有关。污染物浓度与径流量变化的关系有三种：正相关、负相关、无关。显然，要估算时段通量，在方法上就要对点源、非点源的处理有一个主观或经验的判断。表2-3对5种估算考虑时均离散及点源、非点源的简单的应用范围进行了分析。

　　从以上分析可以看到，关键主要集中于对非点源的估计应该采用哪些不同的处理方式。对于国内大多数河流的许多指标年内数据较少且短期较难改变的现实情况，选择保持定量大致准确的时段通量估算方法就显得十分必要。

2.2.2 本研究的河流污染物通量测算原理与方法

鉴于河流过流断面的污染物通量研究的重要性和复杂性,以及污染物通量和河流过流流量与污染物浓度的密切相关关系,本研究在对河流污染物通量的研究中,重点考虑了如下五个方面。

(1) 河流流场(流量/流速)的测量

本研究以 2006 年为监测年,分平水期、丰水期和枯水期 3 个水文时期,对研究河段的 12 个断面进行了基于专业水文测量仪器的野外测量,获得了翔实的野外监测数据,便于流场的模拟和检验。研究组对野外测量进行了严密的部署和详尽的准备,流场野外监测参见本章"2.3.1 材料与方法"以及"2.3.2 基于 ADCP 的流量/流速测量与数据处理"。

(2) 河流主要污染物的水质监测

对研究河段的主要污染指标 NH_3-N 和 TP 进行了与水文测量同步的水样采集,并于当日送往杭州市环境监测中心站水质分析中心进行分析。分析的方法采用水质监测国家统一标准,参见本章"2.3.3 氨氮的水质测定方法"以及"2.3.4 总磷的水质测定方法"。

(3) 河流流场的研究

为了获得研究河段的流场时空变化规律,本研究建立了钱塘江(干流)的流场数学模型,并对模型的定解和边界条件、计算方法以及稳定条件进行了界定和分析,参见第 3 章"3.1 河流流场模型"。结合野外监测数据,本研究对 2006 年 3 个水文时期的流场进行了模拟、验证与分析,并重点对汇流区的流场进行了对比,剖析其对污染物扩散的影响。

(4) 主要污染物浓度的研究

为了获得研究河段主要污染物的时空变化规律,本研究建立了污染物的水质模型,并对监测年的 NH_3-N 和 TP 进行了模拟,结合实测的水质数据和污染物调查资料,分析了污染物时空变化的主要原因,参见第 3 章"3.2 河流污染物通量模型"和第 5 章"5.2 氨氮、总磷浓度时空变化规律解析"。

为了更好地给环境监测和管理部门提供科学依据,本研究建立了钱塘江污染物水质预报模型,并实现了与 GIS 的集成,参见第 3 章"3.3 河流污染物预报模型"、第 6 章"6.2.1 水质预报模型与 GIS 集成"以及"6.3.2 环境水质污染预报应用"。

(5) 污染物通量的情景模拟

为了科学地利用水环境容量,本研究提出了基于情景分析[参见第 5 章 "5.3.2(1) 关于水文情景/情势的定义及原因"] 的河流污染物通量研究的方法，建立了钱塘江污染物通量模型的控制方程，并对其解法、关键参数的处理、参数取值和定解条件等进行了分析和界定，参见第 3 章 "3.2 河流污染物通量模型"。结合本研究的水文情景综合分析数据，对 NH_3-N 和 TP 两种污染物进行了通量的情景模拟与分析，参见第 5 章 "5.3 通量模拟的水环境与水文概况分析" 以及 "5.4 不同水文情景氨氮、总磷通量模拟与分析"。

为了更好地给环境监测和管理部门提供可视化决策，本研究实现了钱塘江污染物通量模型与 GIS 的集成，参见第 6 章 "6.2.2 污染物通量决策与 GIS 集成" 以及 "6.3.3 污染物通量决策支持应用"。

2.3 河流水环境测量的技术与方法

2.3.1 材料与方法

(1) 测量船只

进行野外踏勘后，项目确定测量船只共有两种：铁船为 ADCP（acoustic Doppler current profiler）底跟踪走航和水样采集专用，木船为浅水区流速测定专用。

铁船规格为 12.8 m×2.6 m，吃水深 0.6 m（空载）和 0.75 m（测量过程），搭载 195 型柴油机，最高时速 7 节 [1 节（kn）=1 海里/时（n mile/h）= 1.852 千米/时（km/h）]，额定载员 10 人，除船舱外，配备易拆卸型工作房。木船规格为 3.2 m×0.8 m，吃水深 0.2 m 和 0.35 m（载员 3 人），没有配备动力设备，手划桨。

(2) 电源系统

因使用的仪器设备较多，铁船配备 220 V 电源系统。电源为重庆力帆 2GF-3 型汽油发电机组（燃 93#汽油），额定功率 2.2 kW，另外，配备 25 L 汽油桶。配备 SL 数显可调变压/稳流电源适配器（杭州余杭四岭电子设备有限公司），工作范围 0～24 V、3A。

(3) 水文测量仪器与设备

GPS 仪器型号为 DIFFERENTIAL GPS RECEIVER-NR51（法国）。电源 9 V，外置天线，精度 1.0 m。

底跟踪水文测量仪器采用声学多普勒剖面仪（ADCP）（美国 SonTek）。

浅水区流速测量仪器采用 LGY-Ⅱ型智能流速仪（南京瑞迪高新技术公司）。电源 6 V（干电池），测量范围 1～200 cm/s。

计算机采用 HP Compaq nx 6120 笔记本电脑，便于与 ADCP 的专用数据接口 RS232 串口连接。

（4）采样仪器

水质采样采用两种采样器：底层和中层的水样采用 SCD－Ⅱ型击式采样器（不锈钢材质），取样容积 2000 mL；表层水样采用 SC－Ⅰ型采样器（有机玻璃材质），取样容积 3600 mL。其中，击式采样器配备刻度盘式水文绞车，以准确读取采样深度。

水温测量采用酒精温度计，刻度范围 $-10 \sim 50\ ℃$。

（5）样品存放与运输

项目对每个点位采样分别装 2 瓶：500 mL 塑料瓶和 1000 mL 玻璃瓶（磨砂塞）。

样品采用专用样品瓶置于塑料筐中并用减震泡沫板隔离，于当天由专车运往杭州市环境监测中心站监测分析。

2.3.2 基于 ADCP 的流量/流速测量与数据处理

（1）ADCP 测量的原理与方法

1）ADCP 简介。河流流量/流速是水文监测最主要的项目之一。传统的河流流量测量的基本原理是在测流断面上布设多条垂线，在每条垂线处测量水深并用流速仪测量垂线各点流速，算出垂线平均流速，进而得到断面面积和断面平均流速；流量则由断面面积与断面平均流速的乘积得到。这种传统方法费工费时，效率低。声学多普勒流速剖面仪（ADCP。见图 2－1）是当今世界先进的测流仪器的代表，专门用于测量河流、水渠或狭窄海峡的流量，其性能十分稳定，是一种快速、有效的测流装置。其技术参数见表 2－4。

（a）ADCP 型号

（b）ADCP 工作原理示意

图 2－1　测量使用的 ADCP 型号及工作原理示意

表 2-4 ADCP 主要技术参数

适用频率和范围	流 速 参 数
250～3000 kHz 3～180 m 水深	测量范围：±10 m/s
	分辨率：0.1 cm/s
	准确度：所测流速的 ±1%，±0.5 cm/s
	测量单元多达 100 个

2) ADCP 系统组成与工作原理。ADCP 实际上是由三个主要部分组成的系统：①ADCP 换能器及水下压力容器、甲板单元和各种电缆线；②DOS 操作系统或 Windows 操作系统（见图 2-2）；③计算机设备等硬件系统。

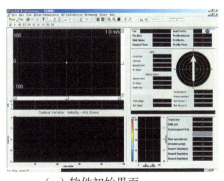 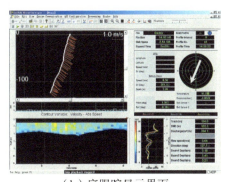

（a）软件初始界面　　　　　　　（b）底跟踪显示界面

图 2-2 ADCP 河流底跟踪测量软件界面

利用声学原理，ADCP 向水体发射一个（一对或一组）声脉冲，声脉冲碰到水体中悬浮的且随水体运动的微粒后产生反射波，记录发射波与反射波之间的频率改变，这个频率改变即称为多普勒频移，可据此计算出水流相对于 ADCP 的速度。同时，ADCP 还向河底发射底跟踪声脉冲，测出 ADCP 安装平台（测船）的运动速度以及水深，然后将水流相对速度扣除船速得到水流的绝对速度。

多普勒频移方程为：

$$F_d = 2F_0 V/(C - V) \qquad (2.17)$$

式中：F_d 为多普勒频移；F_0 为发射频率；C 为超声波在水体中的传播速度，与温度、含盐度有关；V 为水流的运动速度。

由于 $V \ll C$，故式（2.17）经简化整理得：
$$V = CF_d/2F_0 \tag{2.18}$$

从式（2.18）可知，发射频率 F_0 为已知，只要测定声速 C 和频移 F_d，即可求出水流速度。

(2) ADCP 流量/流速的数据处理方法

1）断面流量的计算方法。河流某断面流量等于 ADCP 测量流量 Q_{ADCP} 与岸边估算流量 Q_{NB} 之和。

a. ADCP 测量流量的计算。ADCP 基于如下的公式计算流量：
$$Q_{ADCP} = \iint_s \boldsymbol{u} \cdot \boldsymbol{\varepsilon} \mathrm{d}s \tag{2.19}$$

式中：Q_{ADCP} 为流量；s 为河流某断面部分面积；$\boldsymbol{u}$ 为河流断面某点处流速矢量；$\boldsymbol{\varepsilon}$ 为作业船航迹上的单位法线矢量；$\mathrm{d}s$ 为河流断面上面积微元，由下式确定：
$$\mathrm{d}s = |\boldsymbol{V}_b| \cdot \mathrm{d}z \cdot \mathrm{d}t \tag{2.20}$$

式中：$\mathrm{d}z$ 为垂向长度微元，z 自河底起算；$\mathrm{d}t$ 为时间微元；$\boldsymbol{V}_b$ 为船速矢量；$|\boldsymbol{V}_b|$ 为作业船速度（沿航迹）。

将沿航迹的断面离散为 m 个微小断面，则公式（2.19）可以写为：
$$Q_{ADCP} = \int_0^T \left(\int_0^H \boldsymbol{u} \cdot \mathrm{d}z\right) \cdot \boldsymbol{\varepsilon} |\boldsymbol{V}_b| \cdot \mathrm{d}t = \int_0^T \left[\int_0^H \boldsymbol{u} \cdot \boldsymbol{V}_b\right) \cdot \boldsymbol{k} \cdot \mathrm{d}z\right] \mathrm{d}t$$
$$= \sum_{i=1}^m \left[(\boldsymbol{V} \cdot \boldsymbol{V}_b) \cdot \boldsymbol{k}\right] \cdot H_i \Delta t \tag{2.21}$$

式中：T 为航行时间（跨断面）；H_i 为在 i 测量微小断面处的水深；m 为断面内总的微小断面数目；Δt 为相应于测量微小断面的平均时间；$\boldsymbol{k}$ 为垂向单位矢量；$\boldsymbol{V}$ 为相应于测量微小断面的垂线平均流速矢量，按下式计算：
$$\boldsymbol{V} = \frac{1}{H} \int_0^H \boldsymbol{u} \cdot \mathrm{d}z \tag{2.22}$$

b. 岸边流量估算。由于作业船的吃水要求和 ADCP 探头的入水要求（大于 1 m），ADCP 不能测出近岸边的流速和流量。可以利用比例内插法来确定岸边流量。根据流量测验规范[156]，岸边流量可由下式估算：
$$Q_{NB} = \alpha L \frac{H_m}{2} V_m \tag{2.23}$$

式中：α 为岸边系数，一般取 0.707；L 为岸边至测量起点（或终点）微小断面的距离；H_m 为起点（或终点）微小断面处的水深；V_m 为起点（或终点）微小断面内的垂线平均流速。

2）断面流速的计算方法。因存在上、下盲区，垂线平均流速的计算分为中层、表层和底层三部分。

a. 中层流速。中层平均流速由系统直接测出，其值为第一个垂向单元至靠近河底单元（未受到河底干扰）所有单元所测流速之平均：

$$V_{xm} = \frac{1}{n}\sum_{j=1}^{n} U_{xj} \qquad (2.24)$$

式中：U_{xj} 为单元 j 中所测的 x 向流速分量；n 为微断面中有效单元的数目。

b. 表层流速。由于 ADCP 换能器必须浸入水中一定深度，系统不能直接测出这部分水流速，从而形成表层盲区。一般采用指数流速分布公式来推算：

$$\frac{U}{U_*} = 9.5\left(\frac{Z}{Z_0}\right)^b \qquad (2.25)$$

式中：U 为高度 Z 处的流速；U_* 为河底剪切流速；Z_0 为河底粗糙高度；b 为经验常数，通常取 1/6。

公式（2.25）整理后，令 $a_x = 9.5 U_*/Z_0^b$，则对 x 向量流速分量为：

$$U_x = a_x Z^b \qquad (2.26)$$

设 Z_1 为河底至靠近河底单元（未受河底干扰）的高度，Z_2 为河底至第一个单元的高度，垂向单元长度为 D_c，则在中层进行积分可得到中层平均流速：

$$V_{xm} = \frac{1}{Z_2 - Z_1}\int_{Z_1}^{Z_2} U_x \mathrm{d}z = \frac{1}{Z_2 - Z_1}\int_{Z_1}^{Z_2} a_x Z^b \mathrm{d}z = a_x \frac{Z_2^{b+1} - Z_1^{b+1}}{(b+1)(Z_2 - Z_1)} \qquad (2.27)$$

式（2.24）与式（2.27）经整理后得：

$$a_x = \frac{D_c(b+1)}{Z_2^{b+1} - Z_1^{b+1}}\sum_{j=1}^{n} U_{xj} \qquad (2.28)$$

$$D_c = \frac{Z_2 - Z_1}{n} \qquad (2.29)$$

则表层平均流速可以由下式算出：

$$V_{xt} = \frac{1}{H - Z_2}\int_{Z_2}^{H} U_x \mathrm{d}z = \frac{1}{H - Z_2}\int_{Z_2}^{H} \frac{D_c(b+1)}{Z_2^{b+1} - Z_1^{b+1}}\sum_{j=1}^{n} U_{xj} \cdot Z^b \mathrm{d}z$$

$$= \frac{D_c(H^{b+1} - Z_2^{b+1})}{(H - Z_2)(Z_2^{b+1} - Z_1^{b+1})}\sum_{j=1}^{n} U_{xj} \qquad (2.30)$$

c. 底层流速。由于河底对声束的干扰，在河底存在一干扰区（底盲区），其流速数据不能使用。类似于表层流速的推导过程，底层平均流速的计算公式为：

$$V_{xb} = \frac{D_c Z_1^{b+1}}{Z_1(Z_2^{b+1} - Z_1^{b+1})}\sum_{j=1}^{n} U_{xj} \qquad (2.31)$$

则 x 方向分量垂线平均流速计算公式为：

$$V_x = \frac{1}{H}\int_0^H U_x \mathrm{d}z = \frac{1}{H}\left(\int_0^{Z_1} U_x \mathrm{d}z + \int_{Z_1}^{Z_2} U_x \mathrm{d}z + \int_{Z_2}^H U_x \mathrm{d}z\right)$$

$$= \frac{1}{H}[Z_1 V_{xb} + (Z_2 - Z_1)V_{xm} + (H - Z_2)V_{xt}]$$

$$= \frac{H^b D_c}{Z_2^{b+1} - Z_1^{b+1}} \sum_{j=1}^n U_{xj} \qquad (2.32)$$

同理，y 方向各分量与上述各式类似。

2.3.3 氨氮的水质测定方法

氨氮的测定采用气相分子吸收光谱法（determination of ammonia-nitrogen by gas-phase molecular absorption spectrometry）（GB/T 7479—1987）。

（1）原理

碘化汞和碘化钾的碱性溶液与氨反应生成淡黄棕色胶态化合物，其色度与氨氮含量成正比，通常可在波长 410～425 nm 范围内测其吸光度，计算其含量。

取 50 mL 试样，本法最低检出浓度为 0.025 mg/L，测定上限为 2 mg/L。

（2）仪器

1）500 mL 全玻璃蒸馏器。

2）50 mL 具塞比色管。

3）7230G 型分光光度计。

4）pH 计。

（3）试剂

配制试剂用水均应为无氨水。

1）无氨水：将蒸馏水通过一个强酸性阳离子交换树脂（氢型）柱，流出液收集在带有磨口玻璃塞的玻璃瓶中。每升流出液中加入 10 g 同类树脂，以便保存。

2）纳氏试剂：称取 16 g 氢氧化钠，溶于 50 mL 水中，充分冷却至室温。另称取 7 g 碘化钾和 10 g 碘化汞（HgI_2），溶于水中，然后将此溶液在搅拌下徐徐注入氢氧化钠溶液中。用水稀释至 100 mL，贮于聚乙烯瓶中，加塞密闭于暗处保存。

3）酒石酸钾钠溶液：称取 50 g 酒石酸钾钠（$KNaC_4H_4O_6 \cdot 4H_2O$），溶于 100 mL 水中，加热煮沸以除去氨，放冷，定容至 100 mL。

4）铵标准贮备溶液：称取 3.819 g 经 100 ℃ 干燥过的氯化铵（NH_4Cl），

溶于水中,移入 1000 mL 容量瓶中,稀释至标线。此溶液每毫升含 1.00 mg 氨氮。

5)铵标准使用溶液:移取 5.00 mL 铵标准贮备液于 500 mL 容量瓶中,用水稀释至标线。此溶液每毫升含 0.010 mg 氨氮。临用前配制。

6)10%(m/V)硫酸锌溶液:称取 10 g 硫酸锌($ZnSO_4 \cdot 7H_2O$),溶于水中,稀释至 100 mL。

7)25%(m/V)氢氧化钠溶液:称取 25 g 氢氧化钠(NaOH),溶于水中,冷至室温,稀释至 100 mL。

8)0.35%(m/V)硫代硫酸钠溶液:称取 3.5 g 硫代硫酸钠($Na_2S_2O_3$,或 $Na_2S_2O_3 \cdot 5H_2O$),溶于水,再稀释至 1000 mL。

9)淀粉-碘化钾试纸:称取 1.5 g 可溶性淀粉于烧杯中,用少量水调成糊状,加入 200 mL 沸水,搅拌混匀放冷。加 0.5 g 碘化钾(KI)和 0.5 g 碳酸钠(Na_2CO_3),用水稀释至 250 mL,将滤纸条浸渍后,取出晾干,装入棕色瓶中密封保存。

(4)测定步骤

1)水样预处理:无色澄清的水样可直接测定;色度、浑浊度较高和含干扰物质较多的水样,需经过蒸馏或混凝沉淀等预处理步骤。

2)标准曲线的绘制:吸取 0,0.50,1.00,3.00,5.00,7.00,10.00 mL 铵标准使用液于 50 mL 比色管中,加水至标线,加 1.0 mL 酒石酸钾钠溶液,混匀。加 1.5 mL 纳氏试剂,混匀。放置 10 min 后,在波长 420 nm 处,用光程 10 mm 比色皿,以水为参比,测定吸光度。

由测得的吸光度减去零浓度空白管的吸光度后,得到校正吸光度,绘制氨氮浓度(mg/L)对校正吸光度的标准曲线。

3)水样的测定:分取适量的水样(使氨氮质量不超过 0.1 mg),加入 50 mL 比色管中,稀释至标线,加 1.0 mL 酒石酸钾钠溶液(经蒸馏预处理过的水样及标准管中均不加此试剂),混匀,加 1.5 mL 纳氏试剂,混匀,放置 10 min。

4)空白试验:以无氨水代替水样,做全程空白测定。

注意事项:

1)纳氏试剂中碘化汞与碘化钾的比例对显色反应的灵敏度有较大影响。静置后生成的沉淀应除去。

2)滤纸中常含痕量铵盐,使用时注意用无氨水洗涤。所用玻璃器皿应避免实验室空气中氨的玷污。

(5) 结果计算

由水样测得的吸光度减去空白实验的吸光度后，从标准曲线上查得氨氮浓度（mg/L）。氨氮浓度以 C（mg/L）表示，按下式计算：

$$C = \frac{m \times 1000}{V} \tag{2.33}$$

式中：m 为由校准曲线查得样品管的氨氮质量，单位为 mg；V 为测定的水样体积，单位为 mL。

2.3.4 总磷的水质测定方法

总磷的测定采用钼酸铵分光光度法（determination of total phosphorus-ammonium molybdate spectrophotometric method）（GB/T 11893—1989）。

(1) 原理

在中性条件下，用过硫酸钾（或硝酸–高氯酸）使试样消解，将所含磷全部氧化为正磷酸盐。在酸性介质中，正磷酸盐与钼酸铵反应，在锑盐存在下生成磷钼杂多酸后，立即被抗坏血酸还原，生成蓝色的络合物。

取 25 mL 试样，本标准的最低检出浓度为 0.01 mg/L，测定上限为 0.6 mg/L。

(2) 仪器

除实验室常用仪器设备外，还使用下列仪器：

1) 医用手提式蒸汽消毒器或一般压力锅（$1.1 \sim 1.4$ kg/cm²）。
2) 50 mL 具塞（磨口）刻度管。
3) 7230G 型分光光度计。

注：所有玻璃器皿均应用稀盐酸或稀硝酸浸泡。

(3) 试剂

1) 硫酸（H_2SO_4），密度为 1.84 g/mL。
2) 硝酸（HNO_3），密度为 1.4 g/mL。
3) 高氯酸（$HClO_4$），优级纯，密度为 1.68 g/mL。
4) 硫酸（H_2SO_4）（V/V）为 $1+1$。
5) 硫酸，$C(\frac{1}{2}H_2SO_4) \approx 1$ mol/L：将 27 mL 试剂 1）硫酸加入到 973 mL 水中。
6) 氢氧化钠（NaOH），1 mol/L 溶液：将 40 g 氢氧化钠溶于水，并稀释至 1000 mL。
7) 氢氧化钠（NaOH），6 mol/L 溶液：将 240 g 氢氧化钠溶于水，并稀释至1000 mL。

8) 过硫酸钾（$K_2S_2O_8$），50 g/L溶液：将5 g过硫酸钾溶于水，并稀释至100 mL。

9) 抗坏血酸（$C_6H_8O_6$），100 g/L溶液：溶解10 g抗坏血酸于水中，并稀释至100 mL，贮于棕色试剂瓶中。

10) 钼酸盐溶液：溶解13 g钼酸铵$[(NH_4)_6Mo_7O_{24} \cdot 4H_2O]$于100 mL水中，溶解0.35 g酒石酸锑钾$\left(KSbC_4H_4O_7 \cdot \frac{1}{2}H_2O\right)$于100 mL水中，在不断搅拌下把钼酸铵溶液徐徐加到300 mL硫酸中，加酒石酸锑钾溶液并且混合均匀，贮存于棕色试剂瓶中。

11) 浊度-色度补偿液：混合两个体积试剂4）硫酸和一个体积试剂9）抗坏血酸溶液。使用当天配制。

12) 磷标准贮备溶液：称取（0.2197±0.001）g于110 ℃干燥2 h并在干燥器中放冷的磷酸二氢钾（KH_2PO_4），用水溶解后转移至1000 mL容量瓶中，加入大约800 mL水，加5 mL试剂4）硫酸，用水稀释至标线并混匀。1.00 mL此标准溶液含50.0 μg磷。

13) 磷标准使用溶液：将10.0 mL磷标准贮备溶液转移至250 mL容量瓶中，用水稀释至标线并混匀。1.00 mL此标准溶液含2.0 μg磷。使用当天配制。

14) 酚酞，10 g/L溶液：0.5 g酚酞溶于50 mL 95%乙醇中。

（4）测定步骤

1) 试样的制备。取25 mL样品于具塞刻度管中。取时应仔细摇匀，以得到溶解部分和悬浮部分均具有代表性的试样。如样品中含磷浓度较高，试样体积可以减少。

空白试样：用水代替试样，并加入与测定时相同体积的试剂。

2) 消解。

a. 过硫酸钾消解：向试样中加4 mL过硫酸钾，将具塞刻度管的盖塞紧，用一小块布和线将玻璃塞扎紧（或用其他方法固定），放在大烧杯中置于高压蒸汽消毒器中加热，待压力达1.1 kg/cm^2，相应温度为120 ℃时，保持30 min后停止加热。待压力表读数降至零后，取出放冷。然后用水稀释至标线。

b. 硝酸-高氯酸消解：取25 mL试样于锥形瓶中，加数粒玻璃珠，加2 mL硝酸在电热板上加热浓缩至10 mL。冷却后加5 mL硝酸，再加热浓缩至10 mL，放冷。加3 mL高氯酸，加热至高氯酸冒白烟，此时可在锥形瓶上加小漏斗或调节电热板温度，使消解液在锥形瓶内壁保持回流状态，直至剩下3～

4 mL，放冷。

加水 10 mL，加 1 滴酚酞指示剂。滴加氢氧化钠溶液至刚呈微红色，再滴加硫酸溶液使微红刚好褪去，充分混匀。移至具塞刻度管中，用水稀释至标线。

3）发色。分别向各份消解液中加入 1 mL 抗坏血酸溶液混匀，30 s 后加 2 mL 钼酸盐溶液充分混匀。

4）分光光度测量。室温下放置 15 min 后，使用光程为 30 mm 的比色皿，在 700 nm 波长下，以水作参比，测定吸光度。扣除空白试验的吸光度后，从步骤 5）绘制的工作曲线上查得磷的含量。

注：若显色时室温低于 13 ℃，则在 20～30 ℃ 水浴显色 15 min 即可。

5）工作曲线的绘制。取 7 支具塞刻度管，分别加入 0，0.50，1.00，3.00，5.00，10.00，15.00 mL 磷酸盐标准溶液。加水至 25 mL。然后按测定步骤进行处理。以水作参比，测定吸光度。扣除空白试验的吸光度后，和对应的磷的含量绘制工作曲线。

(5) 结果计算

总磷浓度以 C（mg/L）表示，按下式计算：

$$C = \frac{m}{V} \tag{2.34}$$

式中：m 为试样测得的含磷质量，单位为 μg；V 为测定的水样体积，单位为 mL。

第3章　河流水环境模拟数学模型

3.1　河流流场模型

3.1.1　模型的控制方程

在本研究中，钱塘江流场模型基于不可压缩流体 Navier – Stokes 方程，在 Boussinesq 假定下建立二维流体流场演化方程。一系列偏微分方程和一系列相应的定解条件都是基于有限差分网格进行求解的。

在水平方向上，采用 Delft – FLOW（Delft 3D 软件模块）提供的正交曲线坐标 (ξ,η)：

$$\xi = \lambda,\ \eta = \varphi$$

$$\sqrt{G_{\xi\xi}} = R\cos\varphi,\ \sqrt{G_{\eta\eta}} = R$$

式中：λ 是经度；φ 是纬度；矩阵 G 为此空间的度规；R 是地球半径（6371 km）。

在垂直方向上，采用 σ 坐标（以 $\sigma = P/PS$ 或类似的形式为垂直坐标的坐标系，其中 P 为气压，PS 为地面气压），定义如下：

$$\sigma = \frac{z - \zeta}{d + \zeta} = \frac{z - \zeta}{H}$$

式中：z 是空间高度；ζ 是参照水平面（$z = 0$）以上的水位；d 是参照水平面下的水深；H 是总水深。从水底到自由水面，σ 的变化范围为 $(-1, 0)$。

(1) 连续方程

$$\frac{\partial \zeta}{\partial t} + \frac{1}{\sqrt{G_{\xi\xi}}\sqrt{G_{\eta\eta}}} \frac{\partial [(d+\zeta)u\sqrt{G_{\eta\eta}}]}{\partial \xi} + \frac{1}{\sqrt{G_{\xi\xi}}\sqrt{G_{\eta\eta}}} \frac{\partial [(d+\zeta)v\sqrt{G_{\xi\xi}}]}{\partial \eta} = Q \tag{3.1}$$

式中：u,v 分别表示 ξ,η 方向上的速度分量。Q 表示单位面积由于排水、引水、蒸发或降雨等引起的水量变化，Q 的表达式为：

$$Q = H\int_{-1}^{0}(q_{in} - q_{out})d\sigma + P - E \tag{3.2}$$

式中：q_{in}，q_{out} 分别为引水量和排水量；P 为降水量；E 为蒸发量。

（2）动量方程

水平 ξ 方向上：

$$\frac{\partial u}{\partial t} + \frac{u}{\sqrt{G_{\xi\xi}}}\frac{\partial u}{\partial \xi} + \frac{u}{\sqrt{G_{\eta\eta}}}\frac{\partial u}{\partial \eta} + \frac{\omega}{d+\zeta}\frac{\partial u}{\partial \sigma} + \frac{uv}{\sqrt{G_{\xi\xi}}\sqrt{G_{\eta\eta}}}\frac{\partial\sqrt{G_{\eta\eta}}}{\partial \eta} -$$

$$\frac{v^2}{\sqrt{G_{\xi\xi}}\sqrt{G_{\eta\eta}}}\frac{\partial\sqrt{G_{\eta\eta}}}{\partial \eta} - fv \tag{3.3}$$

$$= -\frac{1}{\rho_0\sqrt{G_{\xi\xi}}}P_\xi + F_\xi + \frac{1}{(d+\zeta)^2}\frac{\partial}{\partial \sigma}\left(v_v\frac{\partial u}{\partial \sigma}\right) + M_\xi$$

水平 η 方向上：

$$\frac{\partial v}{\partial t} + \frac{u}{\sqrt{G_{\xi\xi}}}\frac{\partial v}{\partial \xi} + \frac{v}{\sqrt{G_{\eta\eta}}}\frac{\partial v}{\partial \eta} + \frac{\omega}{d+\zeta}\frac{\partial v}{\partial \sigma} + \frac{uv}{\sqrt{G_{\xi\xi}}\sqrt{G_{\eta\eta}}}\frac{\partial\sqrt{G_{\eta\eta}}}{\partial \xi} -$$

$$\frac{u^2}{\sqrt{G_{\xi\xi}}\sqrt{G_{\eta\eta}}}\frac{\partial\sqrt{G_{\xi\xi}}}{\partial \eta} + fu \tag{3.4}$$

$$= -\frac{1}{\rho_0\sqrt{G_{\eta\eta}}}P_\eta + F_\eta + \frac{1}{(d+\zeta)^2}\frac{\partial}{\partial \sigma}\left(v_v\frac{\partial v}{\partial \sigma}\right) + M_\eta$$

式中：u, v, ω 分别表示在正交曲线坐标系下 ξ, η, σ 三个方向上的速度分量，其中，ω 是定义在运动的 σ 平面的竖向速度，在 σ 坐标系中由以下的连续方程求得：

$$\frac{\partial \zeta}{\partial t} + \frac{1}{\sqrt{G_{\xi\xi}}\sqrt{G_{\eta\eta}}}\frac{\partial[(d+\zeta)u\sqrt{G_{\eta\eta}}]}{\partial \xi} + \frac{1}{\sqrt{G_{\xi\xi}}\sqrt{G_{\eta\eta}}} \cdot$$

$$\frac{\partial[(d+\zeta)v\sqrt{G_{\xi\xi}}]}{\partial \eta} + \frac{\partial \omega}{\partial \sigma} \tag{3.5}$$

$$= H(q_{in} - q_{out})$$

$G_{\xi\xi}$，$G_{\eta\eta}$ 为曲线坐标系转换为直角坐标系的转换系数；F_ξ，F_η 分别为 ξ 和 η 方向的紊动动量通量；M_ξ，M_η 分别表示 ξ 和 η 两方向上动量的源或汇，包括建筑物引起的外力、波浪切应力，以及引排水产生的外力；ρ_0 为水体密度；v_v 为竖向涡动系数；f 是柯氏力系数，取决于地理纬度和地球自转的角速度 Ω，f 可用下式表示：$f = 2\Omega\sin\varphi$，φ 为北纬纬度；P_ξ，P_η 分别表示 ξ 和 η 两方向上的水压力梯度：

$$\frac{1}{\rho_0 \sqrt{G_{\xi\xi}}} P_\xi = \frac{g}{\sqrt{G_{\xi\xi}}} \frac{\partial \zeta}{\partial \xi} + \frac{1}{\rho_0 \sqrt{G_{\xi\xi}}} \frac{\partial P_{atm}}{\partial \xi} \qquad (3.6)$$

$$\frac{1}{\rho_0 \sqrt{G_{\eta\eta}}} P_\eta = \frac{g}{\sqrt{G_{\eta\eta}}} \frac{\partial \zeta}{\partial \eta} + \frac{1}{\rho_0 \sqrt{G_{\eta\eta}}} \frac{\partial P_{atm}}{\partial \eta} \qquad (3.7)$$

式中：g 为重力加速度；P_{atm} 包括浮体建筑物引起的压力在内的自由面压力，本研究的计算中不作考虑。

3.1.2 模型的定解条件

(1) 初始条件

$$\begin{cases} \zeta(\xi,\eta,t)\big|_{t=0} = 0 \\ u(\xi,\eta,t)\big|_{t=0} = v(\xi,\eta,t)\big|_{t=0} = 0 \end{cases}$$

当 $t=0$ 的时候，流场是静止的。

(2) 边界条件

1) 运动边界。在 σ 坐标系中，自由水面（$\sigma=0$）和水底（$\sigma=-1$）不具渗透性：

$$\begin{cases} \omega\big|_{\sigma=-1} = 0 \\ \omega\big|_{\sigma=0} = 0 \end{cases}$$

式中：ω 为运动边界。

2) 底边界。

$$\begin{cases} \dfrac{v_v}{H} \dfrac{\partial u}{\partial \sigma}\bigg|_{\sigma=-1} = \dfrac{\tau_{b\xi}}{\rho_0} \\ \dfrac{v_v}{H} \dfrac{\partial v}{\partial \sigma}\bigg|_{\sigma=-1} = \dfrac{\tau_{b\eta}}{\rho_0} \end{cases}$$

式中：$\tau_{b\xi}$，$\tau_{b\eta}$ 为底部切应力在 ξ，η 方向上的分量，底部应力可能是水流和风共同作用的结果。对于垂向平均情况下的二维流动，由紊流引起的底部切应力为：

$$\boldsymbol{\tau}_b = \frac{\rho_0 g \boldsymbol{U} |\boldsymbol{U}|}{C_{2D}^2}$$

式中：$|\boldsymbol{U}|$ 是垂向平均水平流速的大小；C_{2D} 是二维谢才系数，可以由曼宁公式计算得到：

$$C_{2D} = \frac{\sqrt[6]{H}}{n} \qquad (3.8)$$

式中：H 为总水深；n 为曼宁系数。

$$C_{3D} = C_{2D} + 2.5\sqrt{g}\ln\frac{15\Delta z_b}{k_s} \tag{3.9}$$

式中：C_{3D} 是三维谢才系数；Δz_b 为底层厚度；k_s 为 Nikuradse 粗糙系数。

3）表面边界。

$$\begin{cases}\left.\dfrac{v_v}{H}\dfrac{\partial u}{\partial \sigma}\right|_{\sigma=0} = \dfrac{1}{\rho_0}|\boldsymbol{\tau}_s|\cos\theta \\ \left.\dfrac{v_v}{H}\dfrac{\partial v}{\partial \sigma}\right|_{\sigma=0} = \dfrac{1}{\rho_0}|\boldsymbol{\tau}_s|\sin\theta\end{cases}$$

式中：$\boldsymbol{\tau}_s$ 为表面切应力的分量；θ 是风力形成的角度。若不考虑风力，则自由水面压力为 0。

4）开边界。在水－水交界面设置开边界，模型有以下四种开边界可供选择：

水位开边界：$\zeta = F_\zeta(t)$。

流速开边界：$U = F_U(t)$。

流量开边界：$Q = F_Q(t)$。

Riemann 不变式开边界：$U \pm \zeta\sqrt{\dfrac{g}{d}} = F_g(t)$。

上述 $F(t)$ 由实测资料确定，选择相对应的开边界类型。模型允许将边界分段处理，每段给定端点上的边界过程，中间点采取线形插值的方法计算。对于流速、流量和 Riemann 类型的边界条件，假设水流与开边界是垂直正交的。在计算之初，边界条件与初始条件通常是不匹配的，因此，水流模型对实测值和边界值之间线性插值，以减少模型的调整时间。模型中引入 smoothing time 作为插值最后发生的时间，本模型中采用 60 min。

5）闭边界。在水－陆交界面设置闭边界，垂直方向流速为零：$\dfrac{\partial v}{\partial n} = 0$。对于大范围的区域模拟，闭边界的剪切力影响可以忽略不计，采取自由滑移边界条件。

3.1.3　模型的计算方法

模型采用的是基于有限差分的数值方法，利用正交曲线网格对空间进行离散，对原偏微分方程组的求解就转化为对正交曲线网格上的离散点上的变量值求解。模型中水位、流速、水深等变量在正交曲线网格上的分布与在一般采用有限差分的网格上的分布不同，其变量在一个网格单元上的分布如图 3-1 所示。

模型采用 ADI 算法（alternating direction implicit method），将一个时间步长剖分成两步，每一步为 1/2 个时间步长，前半个步长对 x 进行隐式处理，后半

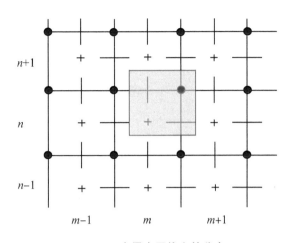

图 3-1 变量在网格上的分布

注：黑色实线为网格线；灰色区域表示同一网格坐标 (m,n) 的集合；+ 表示水位、物质浓度、盐度和温度中的任一变量；— 表示 ξ 方向上的水平流速分量；| 表示 η 方向上的垂直流速分量；● 表示水深点。

步则对 y 方向进行隐式处理。ADI 算法的矢量形式如下。

前半步：

$$\frac{\overline{U}^{i+1/2} - \overline{U}^{i}}{\Delta t/2} + \frac{1}{2} A_x \overline{U}^{i+1/2} + \frac{1}{2} A_y \overline{U}^{i} = 0 \qquad (3.10)$$

后半步：

$$\frac{\overline{U}^{i+1} - \overline{U}^{i+1/2}}{\Delta t/2} + \frac{1}{2} A_x \overline{U}^{i+1/2} + \frac{1}{2} A_y \overline{U}^{i+1} = 0 \qquad (3.11)$$

式中：i 为步长代码；

$$A_x = \begin{bmatrix} u\frac{\partial}{\partial x} & -f & g\frac{\partial}{\partial x} \\ 0 & u\frac{\partial}{\partial x} & 0 \\ h\frac{\partial}{\partial x} & 0 & u\frac{\partial}{\partial x} \end{bmatrix}, \quad A_y = \begin{bmatrix} v\frac{\partial}{\partial y} & 0 & 0 \\ f & v\frac{\partial}{\partial y} & g\frac{\partial}{\partial y} \\ 0 & h\frac{\partial}{\partial y} & v\frac{\partial}{\partial y} \end{bmatrix}$$

其中：f 为科里奥利力，简称科氏力；u 为 x 方向流速；v 为 y 方向流速；g 为重力加速度；h 为水深。

3.1.4 模型的稳定性条件

模型稳定条件采用 Courant 数（CFL）表示：

$$CFL = 2\Delta t \sqrt{gh} \sqrt{\frac{1}{\Delta x^2} + \frac{1}{\Delta y^2}} < 1 \tag{3.12}$$

模型的时间步长 Δt 选择不宜过大,通常 Δt 的取值应满足如下条件:

$$\Delta t \leqslant \frac{\beta \Delta L_{\min}}{|u_{\max}| + \sqrt{gh_{\max}}} \tag{3.13}$$

式中:$\Delta L_{\min}$ 为所有网格单元中的最小边长;$u_{\max}$,$h_{\max}$ 分别为计算区域的最大流速和最大水深;系数 β 反映了网格剖分的非均匀程度对稳定性的影响。

3.2 河流污染物通量模型

3.2.1 通量模型基础

(1) 水力学模型

水力学模型是水质模型的基础,通常遇到的河流的一般污染问题,用一维或二维迁移方程来解决水质问题就足够了。而三维迁移方程可用于较复杂的体系,它要比一维的情况复杂,对计算机硬件性能要求高,因此,一般在局部研究区域有选择地应用。

如图 3-2 所示的水团单元,根据质量守恒定律可以得到水团三维迁移方程的一般形式:

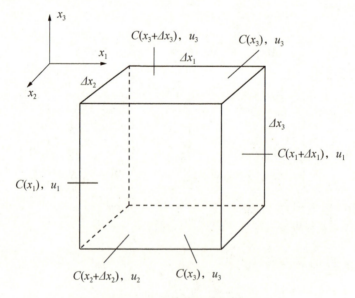

图 3-2 水团单元变量示意

$$\frac{\partial C}{\partial t} + \sum_i u_i \frac{\partial C}{\partial x_i} = \sum_i \frac{\partial}{\partial x_i}\left[(E_m + E_{Ti} + D_i)\frac{\partial C}{\partial x_i}\right] + S \qquad (3.14)$$

式中：C 为污染物浓度；t 为时间；u_i 为 i 方向上的流速；x_i 为 i 方向上的距离；E_m 为分子扩散系数；E_{Ti} 为温度 T 下 i 方向上的湍流扩散系数；D_i 为 i 方向上的弥散系数；S 为来源和丢失项；C，u_i，$(E_m + E_{Ti})$ 和 D_i 是坐标 (x_1, x_2, x_3) 的函数。对于不同的水体，方程（3.14）的参数和边界条件是不同的，描述物质迁移的方程亦不相同。一般河流中的 E_m，E_T 可忽略，因为 E_m 为 $10^{-5} \sim 10^{-4}$ m²/s，E_T 为 $10^{-2} \sim 1$ m²/s，与 D 相比（$D = 10 \sim 10^4$ m²/s），E_m，E_T 很小，可以忽略。

可以把方程（3.14）扩展到其他维数的迁移方程。在以上一般表达式中，很容易得到三维迁移方程：

$$\frac{\partial C}{\partial t} = -u_x \frac{\partial C}{\partial x} - u_y \frac{\partial C}{\partial y} - u_z \frac{\partial C}{\partial z} + D_x \frac{\partial^2 C}{\partial x^2} + D_y \frac{\partial^2 C}{\partial y^2} + D_z \frac{\partial^2 C}{\partial z^2} + S$$

$$(3.15)$$

式中：D_x，D_y，D_z 分别表示在 x，y，z 方向上的弥散系数。

(2) 单一河流水质模型

迁移方程可用于解决河流或河口的水质问题。河流和河口之间的差别只是参数 u 和 D 的不同而已，一般情况下，河口的 u 要小于河流的 u；而河口的弥散系数 D 则要比河流中的 D 大很多，这是由于河口受潮汐影响的缘故。

根据方程（3.14）和污染物的衰减特性，容易得出一维河流水质模型基本形式如下：

$$\frac{\partial(AC)}{\partial t} = \frac{\partial}{\partial x}\left(AD \frac{\partial C}{\partial x}\right) - \frac{\partial(uAC)}{\partial x} - K_1 C + S \qquad (3.16)$$

式中：A 为河流断面面积；u 为平均流速；D 为纵向弥散系数；K_1 为污染物衰变速率；C 为污染物浓度；S 为其他污染源或丢失项。

在稳态条件下，方程（3.16）可写成：

$$\frac{d(uAC)}{dx} = \frac{d}{dx}\left(AD \frac{dC}{dx}\right) - K_1 C + S \qquad (3.17)$$

通常，如果污染物排放不是瞬时的，则弥散可以忽略；对于河口，污染物在迁移过程中伴随的弥散是非常重要的。

(3) 河网水质模型结构

随着环境科学研究的深入和计算技术的提高，研究人员已经从研究单一河流水质模型向研究区域环境的河流水质模型发展，这种区域性的河流水质模型即河网水质模型。河网水质模式的研究突破了原来的单一地研究某一河流的模式，把整个区域内的河流水系作为一个整体来研究，同时还考虑了整个体系内部相互作用的因素，这种研究方法更有利于制订区域性的环境规划，具有更大的实际意义。

在一般的河网水质模型中，各河段应满足下列条件：①污染物存在于各河段的始端，如果某一河流有若干个污染源，则必须将河流分成若干个河段；②河段的污染负荷处于稳定状态；③污染物在河段中只有纵向的浓度梯度，即横向是均匀混合的。

各河段内，单一河流水质模型适用于各河段。

在河网水质模型中，河网中各节点的设置必须满足：①在点源排放处；②在汇流或分流处；③在水质模型参数发生变化处；④在干流和支流的源头。

只要将河段分得足够小，上述各条件都可得到满足。河网的节点可以分为外节点和内节点。外节点是指和河网中的一河段发生直接关系的点，其物质浓度是可测的。设外节点数为 n_1。除外节点外，其余的节点统称为内节点，设其内节点数为 n_2。故河网的总节点数 $n = n_1 + n_2$，如图 3-3 所示，图中带括号的编号表示节点号，不带括号的编号为河段号。

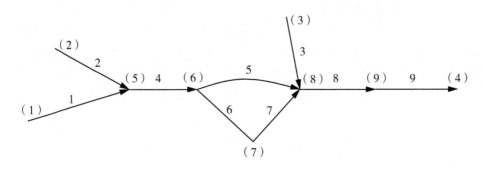

图 3-3　河网节点示意

我们用 P_{ij}（在 ij 点的水质）来表示河网中各节点与河段之间的关系，河段与节点有如下三种关系：若第 i 节点是第 j 河段的流入节点，则称节点 i 与河段 j 正相关，记为 1；若第 i 节点是第 j 河段的流出节点，则称节点 i 与河段 j 负相关，记为 -1；否则，节点 i 与河段 j 无关，记为 0。

根据以上定义，图 3-3 的河网示意图可用以下矩阵表示，其中，行表示节点编号，列表示河段编号，则节点与河段之间的相关矩阵如下：

$$P = \begin{bmatrix} 1 & 0 & 0 & 0 & 0 & 0 & 0 & 0 & 0 \\ 0 & 1 & 0 & 0 & 0 & 0 & 0 & 0 & 0 \\ 0 & 0 & 1 & 0 & 0 & 0 & 0 & 0 & 0 \\ 0 & 0 & 0 & 0 & 0 & 0 & 0 & 0 & -1 \\ -1 & -1 & 0 & 1 & 0 & 0 & 0 & 0 & 0 \\ 0 & 0 & 0 & -1 & 1 & 1 & 0 & 0 & 0 \\ 0 & 0 & 0 & 0 & 0 & -1 & 1 & 0 & 0 \\ 0 & 0 & -1 & 0 & -1 & 0 & -1 & 1 & 0 \\ 0 & 0 & 0 & 0 & 0 & 0 & 0 & -1 & 1 \end{bmatrix} \quad (3.18)$$

相关矩阵由两个 $n \times m$ 阶矩阵 P_1 和 P_{-1} 合成，即 $P = P_1 - P_{-1}$。P_1 是将矩阵 P 中所有元素 -1 变为 0 后所组成的矩阵，P_{-1} 是将矩阵 P 中所有元素 1 变为 0，所有元素 -1 变为 1 后所组成的矩阵。若在 P_1 和 P_{-1} 中将内节点和外节点分开，则有：

$$P_1 = \begin{bmatrix} P_1'' \\ P_1' \end{bmatrix}, \quad P_{-1} = \begin{bmatrix} P_{-1}'' \\ P_{-1}' \end{bmatrix} \quad (3.19)$$

式中：P_1'' 和 P_{-1}'' 都是 $n_1 \times m$ 阶矩阵，P_1' 和 P_{-1}' 都是 $n_2 \times m$ 阶矩阵。这里的 P_1' 反映了内节点中各河段的流出节点，P_{-1}' 则反映了内节点中各河段的流入节点；P_1'' 反映了河段流出的外节点，P_{-1}'' 反映了河段流入的外节点。

根据以上的基本假设理论，河网的水量和水质平衡方程可分别由式(3.20)至式(3.22)表示：

$$q + P_{-1}' Q \begin{bmatrix} 1 \\ 1 \\ \vdots \\ 1 \end{bmatrix}_m = P_1' Q \begin{bmatrix} 1 \\ 1 \\ \vdots \\ 1 \end{bmatrix}_m \quad (3.20)$$

式中：n_2 维向量 q 是各节点污染物的排入量；河段流入量 Q 可用以下对角线矩阵表示：

$$Q = \begin{bmatrix} Q_1 & & & \\ & Q_2 & & \\ & & \ddots & \\ & & & Q_m \end{bmatrix} \quad (3.21)$$

河网水质平衡方程可表示为：

$$W + P_{-1}' Q Z_1 = P_1' Q Z_0 \quad (3.22)$$

式中：n_2 维向量 W 表示内节点废水中污染物负荷；m 维向量 Z_1 则表示进入内节

点河段末端同一污染物浓度；m 维向量 Z_0 是流出内节点河段起始端污染物的浓度；Q 是流量矩阵，形式同式（3.21）。

根据相关矩阵，可以找出与河段有正相关和负相关的节点，从而根据各河段的水质模型来计算整个河网系统的浓度变化，同时亦能估算各河段之间的相互作用。

3.2.2 通量模型的控制方程及解法

（1）通量的基本方程

根据通量的定义，河流水环境中某时刻某污染物通量 T 的表达式为：

$$T = CQ = CuA \qquad (3.23)$$

式中：C 为该时刻污染物的浓度；Q 为该断面的流量；u 为该时刻该断面水流流速；A 为该断面的面积。

对于单一河流，通量模型的控制方程为式（3.16）和式（3.23）；对于河网，通量模型的控制方程为式（3.16）、式（3.22）和式（3.23）。

（2）通量的控制方程及解法

求解河流和河网通量模型，关键是求解水质模型。对于河网通量模型，将各不同类型河段分别应用水质模型，再通过控制方程（3.22）联合求解。

由于显示差分和中心差分稳定性差，需要必要的限制，因此，选择了无条件稳定的隐式差分体系。为了求解方便，将方程（3.16）改为如下形式：

$$\frac{\partial}{\partial t}(AC) = \frac{\partial}{\partial x}\left(AD\frac{\partial C}{\partial x}\right) - \frac{\partial(QC)}{\partial x} + A\frac{dC}{dt} + S \qquad (3.24)$$

在对方程进行数值求解时，采用稳定性较好的四点加权隐格式进行数值离散，用双追赶法求方程收敛解。

$NH_3 - N$、TP 等的反应项，如 $\frac{dC_N}{dt} = f(k_1, k_2, \cdots, k_n)$，$C_N$ 为 $NH_3 - N$ 的浓度，k_1 等为反应项所需要的参数，可通过前人研究获得，应用到具体河流时调整相应参数即可，参见下一节"3.2.3 关键参数的处理"。

假设 A、Q 和 D 是时间的函数，且随时间变化得很缓慢，则可将方程变成隐式差分体系：

$$A_i^j \frac{C_i^{j+1} - C_i^j}{\Delta t} - Q_i^j \frac{C_i^{j+1} - C_{i-1}^{j+1}}{\Delta x_i}$$

$$= \frac{1}{\Delta x_i}\left(D_i^j A_i^j \frac{C_{i+1}^{j+1} - C_i^{j+1}}{\Delta x_i}\right) - \left(D_{i-1}^j A_{i-1}^j \frac{C_i^{j+1} - C_{i-1}^{j+1}}{\Delta x_i}\right) + \frac{S_i^j}{\Delta x_i} \qquad (3.25)$$

用 $\frac{\Delta t}{A_i^j}$ 乘以方程的两边，并令 $V_i^j = A_i^j \Delta x_i$，则有：

$$-\left[(AD)_{i-1}^j \frac{\Delta t}{V_i^j \Delta x_i} + Q_i^j \frac{\Delta t}{V_i^j}\right]C_i^j + \left[1 + (AD)_{i-1}^j + (AD)_i^j\right]\frac{\Delta t}{V_i^j \Delta x_i} +$$

$$Q_i^j \frac{\Delta t}{V_i^j} C_i^{j+1} - \left[(AD)_i^j \frac{\Delta t}{V_i^j \Delta x_i}\right]C_{i+1}^{j+1} \tag{3.26}$$

$$= \frac{\Delta t}{V_i^j} S_i^j + C_i^j$$

为了使数值弥散很小，必须选择 $\Delta x_i \approx u_i \Delta t$。这种差分体系已用于许多水质模型，如 QUAL-Ⅱ 等。在稳态条件下，$\frac{\partial C}{\partial t} = 0$，用 $\frac{V_i^j}{\Delta t}$ 乘以方程（3.26）两边，并令 $C_i^{j+1} = C_i^j (i = 1, 2, \cdots, n)$，可得到一个稳定迁移方程：

$$\alpha_i C_{i-1} + \beta_i C_i + \gamma_i C_{i+1} = \delta_i \tag{3.27}$$

式中：

$$\begin{cases} \alpha_i = (AD)_{i-1} \frac{1}{\Delta x_i} + Q_i \\ \beta_i = \left[(AD)_{i-1} + (AD)_i\right] \frac{1}{\Delta x_i} + Q_i \\ \gamma_i = (AD)_i \frac{1}{\Delta x_i} \\ \delta_i = S_i \end{cases}$$

当 $i = 1$ 时，

$$\beta_1 C_1 + \gamma_1 C_2 = \delta_1 - \alpha_1 C_0 = \delta_1'$$

当 $i = n$ 时，

$$(\alpha_n - \gamma_n) C_{n-1} + (\beta_n + 2\gamma_n) C_n = \delta_n$$

或

$$\begin{cases} \alpha_n' C_{n-1} + \beta_n' C_n = \delta_n \\ \alpha_n' = \alpha_n - \gamma_n \\ \beta_n' = \beta_n + 2\gamma_n \end{cases}$$

方程（3.27）是一组具有"三对角线"矩阵的代数方程组，该方程可写成：

$$GC = \delta \tag{3.28}$$

当忽略河流中的弥散时，$\gamma_i = 0$。因而，矩阵有 2 个对角元素不是 0，其他则全是 0。这样的矩阵表明污染物不会迁移到上游去。如果河流上有若干支流，则可将主要干流和支流视为一个体系来处理。

3.2.3 关键参数的处理

（1）纵向离散系数的估算

纵向离散系数是代表河流纵向混合特性的重要参数。钱塘江流域，尤其是七里垄大坝以上属山区型河道，江段横向和纵向断面形态十分复杂，水流的纵向离散特征比较显著；七里垄大坝至渔山断面仍为山区型河道，至袁浦断面逐渐过渡为平原型河道，袁浦断面至猪头角断面为受一定潮汐影响的弱感潮河段。近年来，位于七里垄大坝的富春江水电站实施"顶潮"泄水的方案，确保杭州市市区范围尽量减少受潮汐的影响，保证饮用水的取水水质。"顶潮"方案的实施使得袁浦至猪头角河段的潮流作用减弱。由于研究涉及的测量工作的人力物力有限，研究中未对纵向离散系数进行实测，而是根据前人的经验公式[157,158]进行估算。

河流纵向离散系数经验公式一般表达式为：

$$K_x = a\left(\frac{W}{h}\right)^b \left(\frac{u}{u_*}\right)^c hu_* = \alpha hu_* \quad (3.29)$$

式中：W 为河宽；h 为水深；u 为断面平均流速；u_* 为摩阻流速；α 为系数；常数 a，b，c 需要根据不同的河道特点进行率定。

李锦秀等[159]研究得出三峡库区河道纵向离散系数，考虑到三峡库区河道与研究中绝大部分河段的相似性，故选取该公式作为钱塘江纵向离散系数的估算公式：

$$K_x = 0.007 \left(\frac{W}{h}\right)^{2.1} \left(\frac{u}{u_*}\right)^{0.7} hu_* \quad (3.30)$$

研究区域下游段的袁浦至猪头角河段暂采用上述公式进行纵向离散系数的估算，实际上该段属于弱感潮河段，该河段参数的确定有待更进一步的研究。

（2）氨氮降解系数的估算

水体中的含氮物质在一定条件下会发生十分复杂的循环过程，主要包括硝化和脱氮过程[160]。综合溶解氧、pH、细菌种群及浓度、水生植物的吸收及挥发、溶解、水流条件等作用，在模型开发过程中，采用以下公式作为氨氮降解系数[161]：

$$K_{NH_3-N} = 1.60 \times \left[(0.015 + 0.197 \times i^{0.599}) \times \frac{u}{h}\right] \times 1.083^{T-20} \quad (3.31)$$

式中：i 为河流比降；u 为断面平均流速；h 为水深；T 为温度。

（3）总磷降解系数的估算

总磷生化反应项通常考虑底泥释放引起的磷增加量、磷的沉降和浮游植物对磷的吸收与释放等过程。总磷在水中的形式为溶解态、悬浮态。采用以下公式计算总磷的降解系数[161]：

$$K_{TP} = 1.18 \times \left(0.097 \times i^{0.599} \times \frac{u}{h}\right) \times 1.047^{T-20} \quad (3.32)$$

3.2.4 模型的参数取值和定解条件

（1）参数取值

河流纵向离散系数和污染物降解系数采用"3.2.3 关键参数的处理"中的计算公式。

（2）定解条件

模型的定解条件主要分为如下三个方面：

1）初始条件。根据实测和不同污染物、不同水环境功能区水质达标的要求，初始浓度分别取相应的值。

2）边界条件。依据野外实测资料和水文站点的统计资料取值。

3）源项。河流不同节点不同污染源，分别为 SN_1，SN_2，…，SN_n，根据实际模拟工况具体分析。

3.3 河流污染物预报模型

3.3.1 预报模型的选择及原因

在本研究中，钱塘江污染物预警预报系统采用了粗略预报和精确预报相结合的预报方法：粗略预报更注重时效性，精确预报更注重模型的准确性；通过粗略预报，计算出污染可能区域和可能强度，然后在可能区域内进行精确预报。

粗略预报采取"悲观"（将污染物的污染效应做最大化的模拟计算处理）的预报原则，将影响区域和影响强度做扩大处理，考虑到时效性，模型参数采取对水环境影响程度最不利的选取方式，将污染物控制方程中的流速、断面面积和扩散系数简化为常数，得出解析解。通过解析解，可以确定可能污染区域和可能浓度，再在可能污染区域内采取数值算法求解污染物控制方程，即未简化参数下的控制方程［见方程（3.24）］，来求得精确解。这种预报方式既可以为未来可能受污染物影响的区域提前预报，以便采取相应的措施，又可以为精确预报提供方便，提高后期精确预报的计算效率和精度。

以下是粗略预报模型的解析解算法［精确预报方法参见"3.2.2（2）通量的控制方程及解法"］。

3.3.2 模型的基本方程

污染物在河流中的迁移方程有如下形式[162]：

$$\frac{\partial C}{\partial t} + u\frac{\partial C}{\partial x} = \frac{1}{A}\frac{\partial}{\partial x}\left(DA\frac{\partial C}{\partial x}\right) + \frac{S}{A} \tag{3.33}$$

对于均匀河段,u、A 都是常数,假设 D 也是常数项,$\frac{S}{A} = -K_1 C$,则方程 (3.33) 可简化为:

$$\frac{\partial C}{\partial t} + u\frac{\partial C}{\partial x} = D\frac{\partial^2 C}{\partial x^2} - K_1 C \tag{3.34}$$

为了便于求解,用一个 δ 函数来描述流量 Q 和质量 m,假设污染物在流速不变的条件下,在足够短的时间内投入河流,如果污染物在时间 $t = t_0$ 时突然排放,$a \leqslant t_0 \leqslant b$,则其函数可写成:

$$\begin{cases} \int_a^b \delta(t-t_0)\mathrm{d}t = 1 \\ \int_a^b \delta(t-t_0)f(t)\mathrm{d}t = f(t_0) \\ \int_a^b \delta[u(t-t_0)]f(t)\mathrm{d}t = \frac{1}{u}f(t_0) \end{cases} \tag{3.35}$$

可在 $C(x,0) = 0$,$C(0,t) = C_0\delta(t)$,$C(\infty,t) = 0$ 条件下来解方程 (3.34),利用变量 t 的拉普拉斯(Laplace)变换和逆变换可得如下解:

$$\begin{aligned} C(x,t) &= \frac{uC_0}{\sqrt{4D\pi t}}\exp(-K_1 t)\exp\left[-\frac{(x-ut)^2}{4Dt}\right] \\ &= \frac{m}{\sqrt{4D\pi t}}\exp(-K_1 t)\exp\left[-\frac{(x-ut)^2}{4Dt}\right] \end{aligned} \tag{3.36}$$

式中:

$$C_0 = \frac{m}{Q}$$

方程 (3.36) 表示线性平面污染源 C_0 的运动规律,它是进行水团追踪试验的基础。它可用卷积分来计算任意初始浓度分步 $C(x,0)$。结合前人实验可证明,一般均匀河段只要离排放点下游的距离 L 大于下列计算值,方程就具有较好的预报准确性:

$$L = \frac{1.8b^2 u}{4hu_*} \tag{3.37}$$

式中:b 为河床宽度,单位为 m;h 为平均水深,单位为 m;u 为平均流速,单位为 m/s;$u_* = \sqrt{gh\lambda}$,为摩阻流速;λ 为河床比降。

3.3.3 模型的定解条件及解法

如果在 $t = t_0$,$x = x_0$ 处瞬时投放污染物,此时,其边界条件为:

对于 $t < t_0$，
$$C(x,t) = 0$$
对于其他时间，
$$C(x_0,t) = C_0\delta(t - t_0)$$
$$C(\infty,t) = 0$$

则一维方程的瞬时解为：
$$C(x,t) = \frac{m}{\sqrt{4D\pi(t-t_0)}}\exp[-K_1(t-t_0)] \cdot \exp\left\{-\frac{[(x-x_0)-u(t-t_0)]^2}{4D(t-t_0)}\right\} \quad (3.38)$$

如果在 $x = x_0$ 处的初始浓度不是函数 $\delta(t)$，而是一个一般的浓度分布函数 $C_0(x_0,t)$，那么，这个分布在下游的发展可用以下公式来计算：
$$C(x,t) = \int_{-\infty}^{\infty} C_0(x_0,t')f(x-x_0,t-t')\mathrm{d}t \quad (3.39)$$

这是一个具有 f 函数的卷积分，它可设想 $C_0(x_0,t')$ 是连续排污源，可分解成一系列瞬时源的 δ 函数输入，每个输入的时间间隔为 Δt，由于基本方程是线性化的，河流对这一系列输入的响应等于各单个输入的响应的总和。取极限 $\Delta t \to 0$ 就可得到上述积分。因此，f 必须是对一个单个 δ 函数的响应：
$$f(x-x_0,t-t') = \frac{u}{\sqrt{4D\pi(t-t')}}\exp\left\{-\frac{[(x-x_0)-u(t-t')]^2}{4D(t-t')}\right\} \quad (3.40)$$

用方程（3.39）和方程（3.40）可以计算一个任意初始浓度分布 $C(x,0)$ 的发展，可用于计算瞬时排放的一种有毒物质的分布纵剖面，确定在污染物投放点下游多长距离内需要关闭取水口。

假如在 $x = x_0, t = t_0$ 及 $t = \Delta t$ 间投放污染物，其初始条件是：
$$\begin{cases} C(x,t_0) = C_1 & (0 \leq t \leq \Delta t) \\ C(x,t_0) = 0 & (t > \Delta t) \end{cases} \quad (3.41)$$

可得到如下解：
$$C(x,t) = \int_0^{\Delta t} \frac{uC_0}{\sqrt{4D\pi(t-t')}}\exp\left\{-\frac{[(x-x_0)-u(t-t')]^2}{4D(t-t')}\right\}\mathrm{d}t \quad (3.42)$$

第 4 章 河流不同工况下流场工况测量与模拟

4.1 钱塘江流域概况①

4.1.1 自然环境概况

(1) 地理位置

钱塘江是浙江省最大的河流，干流从西向东贯穿皖南和浙北汇入东海。流域地理界在 $28°10'\sim30°48'$N，$117°37'\sim121°52'$E 之间，跨浙、皖、赣、闽、沪五省（市），流域面积 55 558 km^2，其中 86.5% 在浙江省境内，占浙江省总面积的 47.2%。

钱塘江有南、北两源，均发源于安徽省休宁县，南源兰江和北源新安江流至浙江省建德市梅城镇汇合后称为富春江，向东北流出七里垄峡谷，继续向东北流经浙江省桐庐县、原富阳市②至杭州市后称为钱塘江，再向东注入杭州湾。钱塘江流域水系见图 4-1。

(2) 气象气候

钱塘江流域位于中亚热带地区，流域季风交替明显，四季分明，气温适中，雨量充沛，光热较丰富，冬夏季较长，春秋季较短，是典型的亚热带季风湿润气候。多年平均气温在 16.1~17.7 ℃，气温南部高于北部，盆地地区高于丘陵山区。年平均相对湿度一般在 70%~80%，高山区达 80% 以上。全流域日照时数多年平均为 1200~1900 h。多年平均降雨量在 1200~2200 mm 之间，年际分布不均，丰水年与枯水年的变差幅度较大，最大年降雨量与最小年降雨量的比值达 2~3。降雨量的年内分配不均，年最大连续 4 个月降雨量占

---

① 本节行政区划的名称、区域、地图及数据均按 2005—2006 年监测时间的。
② 2014 年 12 月 13 日，经国务院批准，撤销富阳市，设立杭州市富阳区。

图 4-1 钱塘江流域水系图（2005 年）

全年降雨量的 50%~60%，发生在 4—9 月，最大月降雨量出现在 5 月或 6 月。钱塘江流域中上游受梅雨控制，每年 6 月中下旬至 7 月上旬，受静止锋影响，易出现连绵阴雨天气，并伴有暴雨，形成流域性洪涝灾害。总的分布趋势是自西向东北递减，地形影响较为显著，山区大于丘陵区，丘陵区大于滨江平原区。多年平均蒸发量在 800~1000 mm，沿海大于内陆，平原、盆地又大于山地。

（3）地形地貌和地质

钱塘江流域地形总体形势是西南高、东北低。流域周围及内部的山峰海拔在 1500~1800 m 之间的有十余处，其余大部分分水岭脊海拔为 1000~1400 m。地貌形态分为山地、盆地和平原三大类。流域四周有天目山、黄山、五龙山、仙霞岭、大盘山、天台山、四明山等与邻近流域相隔，流域内有千里岗山、龙门山、会稽山等为干、支流间的分水岭。有较大盆地 11 个，是四周山地的汇水区。河口平原位于钱塘江下游及支流，西起浙江省富阳皇天畈平原，南以临浦、绍兴、百官等处山麓为界，东至临山、龙山，北达乔司。

自元古代以来，钱塘江流域经历了多个构造运动旋回，并产生了一系列深、大断裂及北东向的复向斜、复背斜褶皱带。以江山—绍兴深断裂为界，分成西北部扬子准地台和东南部华南褶皱带两大地质构造单元，它们的发展历史不同，构造和地层上也反映出明显差异，从而影响了流域内地貌和水系的发育。

（4）土壤和植被

钱塘江流域的土壤类型可划分为红壤、黄壤、黄棕壤、山地草甸土、紫色土、石灰岩土、中性火山岩土、粗骨土、潮土、盐土及水稻土等11类。

流域植物种类丰富，地带性植被为中亚热带常绿阔叶林，森林覆盖率较高。由于受人类活动的干扰，原生森林植被多已被破坏，仅在局部地段尚残存一些次生的天然常绿阔叶林。流域内有大面积以人工种植为主的暖性针叶林，如马尾松林、杉木林、柳杉林、黄山松林等，其面积占森林资源总面积的90%以上。在土层深厚、水热条件较好的地方，常分布以毛竹为主的竹林。

4.1.2 社会环境概况

（1）行政区划

2005年，浙江省境内属于钱塘江流域的主要市县有杭州市、衢州市、金华市、绍兴市诸暨市和丽水市遂昌县。其中，杭州市辖杭州市区、萧山区、原富阳市、桐庐县、建德市、淳安县。衢州市辖柯城区、衢江区、江山市、常山县、龙游县、开化县。金华市辖婺城区、金东区、兰溪市、义乌市、东阳市、永康市、浦江县、武义县、磐安县。

（2）人口

流域内城镇众多，人口集中。2005年，流域内主要市县总人口为1407.82万人，占全省总人口的28.7%。人口最多的是杭州市，占流域总人口的41.2%；其次为金华市，占32.3%；其余依次为衢州市、诸暨市和遂昌县。人口密度最大的为杭州市区，为1335人/平方千米；其次为永康市，为523人/平方千米；最小的是遂昌县，为90人/平方千米。

（3）经济状况

钱塘江流域内县市是浙江省经济发展较快的地区。杭州市是浙江省经济最发达的地区之一；金华、衢州是浙江省中西部主要的工农业生产基地和经济文化中心，拥有化工、食品、纺织、医药、机械等多种工业门类，土地资源丰富，具有巨大的经济发展潜力；义乌、富阳、诸暨、东阳等县级市综合实力居全省前列，均为全国"百强县"。2005年，钱塘江流域实现生产总值4401.96亿元，占全省生产总值的32.9%。国内生产总值（GDP）最高的是杭州，占全流域GDP的60.4%；其余依次为金华市、衢州市、诸暨市和遂昌县。流域内主要市县人均 GDP 为 31267 元，高于全省人均 GDP 27552 元的水平。

1）农业。钱塘江流域土地总面积 3998200 hm^2，其中耕地（包括水田、旱地）面积 470377.6 hm^2，占土地面积的 11.8%。从农业产值分析，流域种植业比重最大，其次是畜牧业。2005 年，钱塘江流域农业产值总计为 394 亿元，全流域最高为杭州市，为 219.48 亿元，最低为衢州市，为 80.6 亿元。但从综合经济贡献来看，钱塘江流域第一、第二、第三产业比为 6：51.5：42.5，农业总体经济贡献总量不大。

2）工业。2005 年，钱塘江流域工业增加值为 1986.2 亿元，平均工业增加值密度为 496.7 万元/平方千米。其中，杭州市 2005 年实现工业增加值 1184.6 亿元，金华市实现工业增加值 488.75 亿元，衢州市实现工业增加值 119.26 亿元。流域的工业产值一直以来增幅很大，尤以近 10 年来更为突出。

4.1.3 水文概况

（1）水文特征

钱塘江从北源源头至河口，全长 688 km，钱塘江水系流域面积 100 km^2 以上的支流有 143 条，包括一级支流 63 条，二级支流 54 条，三级支流 23 条，四级支流 3 条，其中 123 条位于浙江省境内。主要支流有江山港、乌溪江、金华江、横江、练江、分水江、浦阳江、曹娥江等。钱塘江水系的干流水文特征分述如下。

1）北源新安江。源出安徽省休宁县六股尖东坡，源头海拔 1350 m，流经安徽龙溪、屯溪、徽州，浙江淳安，至建德梅城与兰江汇合后称为富春江。干流长 359 km，流域面积 11674 km^2，其中安徽省和浙江省境内分别为 6025 km^2 和 5645 km^2，江西省境内 4 km^2。多年平均年流量为 110.0 亿 m^3，多年平均输沙量为 29.1 万 t/a。1959 年，在铜官峡谷建成新安江水电站后，坝址以上形成千岛湖。库区东西长 60 km，南北宽 50 km，水域面积 573 km^2，平均水深 34 m，库容 178.4 亿 m^3。

2）南源兰江。源出安徽省休宁县青芝埭尖北坡，源头海拔 810 m。汇流后称为龙田溪，东南流入浙江省称为齐溪，右汇源出莲花尖的左溪，至衢州市马金镇右汇何田溪后称为马金溪，折向西南流，左汇村头、金村，右汇中村、池淮诸溪后称为常山港。再下行右汇龙山溪，左汇马埕溪后入衢州市常山县境。从该县城附近开始，常山港循东西方向下泄，右汇龙绕、南门，左汇虹桥、芳村诸溪，至衢江区西南郊双港口，右汇江山港后称为衢江。衢江沿东北东方向下泄，接纳了众多支流，为羽状水系，其中较大的有右岸的乌溪江、灵山港，左岸的铜山源、芝溪、塔石溪，至兰溪市南郊的马公滩，右纳金华江后称为兰江。从兰溪市折向北流，右纳梅溪、大溪，左纳甘溪，至建德市梅城镇东与北源新安江汇合后称为富春江。兰江干流长 303 km，流域面积 19468 km^2。多年平均年径流量 188.9 亿 m^3，多年平均输沙量 381.0 万 t/a。

3）富春江与钱塘江。南北两源在建德市梅城镇汇合后，下行至浦阳江口东江嘴的河段称为富春江，北源源头至此总长 461 km，集水面积 38317.6 km^2，东江嘴以下称为钱塘江。钱塘江多年平均径流量为 442.5 亿 m^3，其中杭州市闸口以上为 386.4 亿 m^3。自富春江水电站坝下至入海口门长 282 km 的河段是感潮河段，是钱塘江的河口区。自富春江水电站至东江嘴 75 km 河段是以河流径流作用为主的"河流段"，东江嘴至海盐县澉浦 122 km 河段是径流和潮流相互消长的"过渡段"，澉浦至入海口门的河口湾是以潮流为主的"潮流段"。河口澉浦站位多年平均潮差 5.58 m，平均涨潮流量 19500 m^3/s，平均落潮流量 16300 m^3/s，平均含沙量 3.65 kg/m^3。

4）浦阳江。发源于浦江县花桥乡天灵岩南麓岭脚，东南流至花桥折向东流经安头，经浦江县城、黄宅，转东北流到浦江县白马桥入安华水库，在安华镇右纳大陈江，再东北流至盛家，右纳开化江，北流经诸暨市城区下游 1.5 km 的茅渚埠，以下分为东西两江。主流西江北流至祝桥，左纳五泄江，经姚公埠至三江口与东江汇合。东江自茅渚埠分流后，北流至大顾家附近小孤山右纳枫桥江，与西江汇合后，北流经金华市尖山镇，左纳凰桐江，经临浦，出碛堰山，折向西北流至义桥，左纳永兴河，流至闻堰镇南侧小砾山注入钱塘江河口段。干流长 149.7 km，集水面积 3451.5 km^2。

（2）降水量特征

1）流域降水空间分布的多年平均概况。钱塘江流域多年平均降水量为 676.45 亿 m^3，折合降水深为 1600 mm。流域内降水量总的分布趋势是自西南向东北递减，地形影响较为显著，山区大于丘陵区，丘陵区大于滨海平原区。

图 4-2 为钱塘江流域多年平均降水量等值线分布图。由图 4-2 可以看出，杭州市降水总的趋势是从西部山区向东部平原递减，降水量在 900～1900 mm 之间；绍兴市降水量的空间分布相对均匀，降水量范围在 900～1200 mm，其分布趋势为东西大，中间小，南大于北，东部降水量达 1000～1200 mm，西部和南部为 1000～1100 mm，北部 900～1000 mm；金华市降水量的地域分布不均匀，总的趋势是山区多于平原，高值区在武义县的西、南部山区，达 1600～1700 mm，次高值区在婺城区、兰溪市西北部及磐安县东北部，为 1200～1300 mm，低值区在东阳市中西部及浦江县东部、永康市、磐安县的部分地区；衢州市降水空间分布不均，南部的江山市峡口至岭头一带和北部衢江区以及开化县以西为降水高值区，衢江干流两岸为降水低值区。

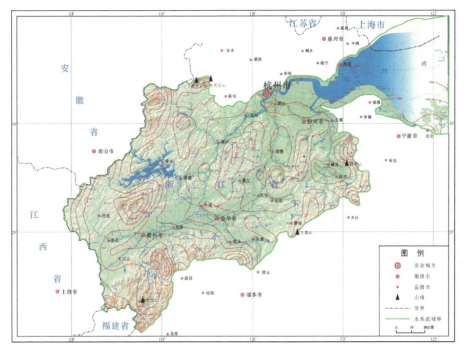

图 4-2 钱塘江流域多年平均降水量等值线分布图（1961—2000 年，浙江省水文局）

2）流域降水量年内分配总体特征。钱塘江流域降水量的年内分配与降水类型有关，梅城以上地区的降水属梅雨主控区，每年只有一个雨季，发生在 3—6 月或 4—7 月，最大连续 4 个月降水量占全年降水量的 55%～60%，最大月降水量出现在 5 月或 6 月。梅城以下地区，包括分水江、浦阳江、富春江干流以及曹娥江，因受台风的影响明显，正常年份有两个雨季，第一个雨季出现在 4—7 月，系春雨、梅雨所形成，最大连续 4 个月降水量占全年降水量的 40%～45%，最大月降水量出现在 6 月居多；第二个雨季出现在 8 月或 9 月，历时不长，系台风雨所形成，最大月降水量占全年的 15% 左右；遇到干旱年份，无台风雨影响，则只有一个雨季，出现在 3—6 月或 4—7 月，其最大连续 4 个月降水量占全年 65% 左右。

3）降水量的年际变化特点。钱塘江流域内各主要代表站降水量特征值见表 4-1。流域多年平均降水量在 1200～2200 mm 之间，年际分布不均，丰水年与枯水年的变差幅度较大，各站水资源年际变化过程中有连丰期和连枯期出现，最大年降水量与最小年降水量的比值达 2～3，流域降水量年变差系数一般在 0.20～0.25 之间。

表 4-1　钱塘江流域降水量特征值

河　名	站　名	最大年降水量		最小年降水量		最大年降水量/最小年降水量
		降水量/mm	年份/年	降水量/mm	年份/年	
衢江	衢州	2335.6	1954	1109.3	1979	2.10
金华江	金华	1944.1	1954	916.7	1978	2.12
兰江	兰溪	2150.6	1954	856.5	1978	2.51
新安江	屯溪	2810.8	1954	926.2	1978	3.03
富春江	富阳	2208.2	1954	992.3	1978	2.23
浦阳江	诸暨	2171.3	1937	903.8	1978	2.40

(3) 地表径流特征

1) 地表径流量的空间分布。在降水和蒸发、地形、植被覆盖、土壤岩石和地质构造、流域大小与形状、人类活动等多种因素的影响下，径流随地区的不同而有明显的变化，流域径流深等值线图见图 4-3，干、支流多年平均径流量见表 4-2。

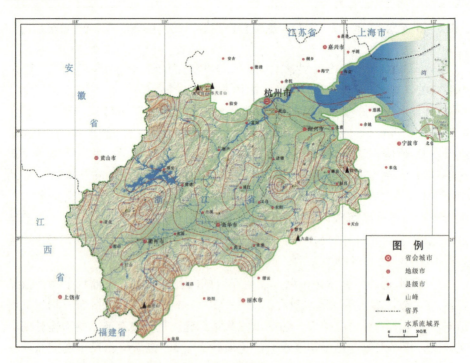

图 4-3　钱塘江流域多年平均径流量等值线分布图（1961—2000 年，浙江省水文局）

表4-2 钱塘江流域干、支流多年平均径流量

河 名	新安江	常山港	江山港	乌溪江	金华江	分水江	浦阳江	曹娥江	杭州闸口以上
集水面积/km²	11640	3454	1970	2590	6840	3430	3431	6046	41700
河川径流量/10⁸m³	110.0	43.3	22.6	29.4	52.0	31.8	24.6	45.3	386.4

2）地表径流年际分配特征。受亚热带季风气候的影响，钱塘江流域天然河川径流的年际变化很大，流域各径流站历史实测最大年径流量与最小年径流量的比值可达3～4。频率为95%的枯水年水量仅为多年平均值的50%左右。主要测站水资源量的均值、最大值、最小值统计值参见表4-3（表中数据参考浙江省水文总站：《浙江省水资源》）。

表4-3 钱塘江水系各站水资源径流量特征值

河 流	站 名	集水面积/km²	均值/10⁸m³	最 大 年		最 小 年		最大年水量/最小年水量
				径流量/10⁸m³	年份/年	径流量/10⁸m³	年份/年	
衢江	衢州	5424	65.90	99.10	1954	30.90	1978	3.20
兰江	兰溪	18233	178.00	284.00	1954	75.70	1978	3.75
新安江	源口	687	6.46	11.40	1873	3.27	1979	3.49
金华江	金华	5953	45.30	69.70	1954	17.20	1978	4.05
浦阳江	诸暨	1719	12.20	21.00	1954	5.00	1978	4.20
曹娥江	东沙埠	3302	25.10	35.30	1954	11.20	1978	3.20
富春江	七里垄	31645	301.00	543.00	1954	173.00	1979	3.14

钱塘江流域干流径流量变差系数C_V为0.3，各支流径流量变差系数C_V在0.28～0.37之间，其中常山港和江山港为0.31，乌溪江为0.30，金华江为0.29，新安江为0.37，分水江为0.34，浦阳江为0.28。

（4）蒸发量特征

钱塘江流域代表站多年平均月水面蒸发量见表4-4。钱塘江流域多年平均水面蒸发量在800～1000 mm之间，地区分布情况沿海大于内陆，平原、盆地高于山区，全流域以金衢盆地为最大，在1000 mm左右，山丘区800～900 mm。年内以7、8月为最大，1、2月为最小。年际变化不大，最大年与最小年的比值在1.3～1.4之间。多年平均最大月蒸发量130～160 mm，出现在7月或8月，占年蒸发量的16%～18%；最小月蒸发量30～35 mm，发生在1月或2月，占年蒸发量的3%～4%。

表4-4　钱塘江流域代表站多年平均月水面蒸发量

单位：mm

河名	站名	1月	2月	3月	4月	5月	6月	7月	8月	9月	10月	11月	12月	全年
衢江	衢州	36.6	37.0	47.7	59.0	86.4	78.4	151.6	168.5	137.2	96.1	65.8	44.8	1009.1
金华江	金华	34.6	33.7	47.7	62.8	93.4	87.0	158.4	168.6	130.4	88.7	59.0	38.7	1003.0
新安江	梅城	34.2	33.2	51.8	58.3	73.3	79.2	128.6	146.3	110.9	75.4	49.6	35.7	867.5
新安江	淳安	29.3	28.0	43.3	50.9	77.1	80.8	108.2	132.4	110.9	71.3	50.6	32.7	815.5
浦阳江	诸暨	28.1	28.5	47.3	56.0	71.9	94.4	149.8	155.3	114.4	75.9	51.9	31.5	905.3
曹娥江	新昌	41.0	34.8	53.6	63.7	97.5	94.8	159.7	161.7	128.1	89.4	62.5	39.5	1026.6

4.2　流场测量与监测数据获取

4.2.1　测量断面布设

采取对钱塘江控制断面进行流量测量的方案，测量仪器采用声学多普勒剖面仪（ADCP，美国），定位则通过GPS定位仪（DIFFERENTIAL GPS RECEIVER - NR51，法国）实现。共设12个监测断面。具体监测断面名称、位置以及布设如表4-5、图4-4所示。

表4-5　钱塘江水环境监测断面位置

断面名称	左岸经纬度		右岸经纬度		实际岸宽/m
	E	N	E	N	
01 新安江大坝前	119°15′34″	29°28′30″	119°15′30″	29°28′24″	236
02 梅城水厂	119°29′46″	29°32′20″	119°29′43″	29°32′08″	393

续表 4-5

断面名称	左岸经纬度 E	左岸经纬度 N	右岸经纬度 E	右岸经纬度 N	实际岸宽/m
03 兰江口	119°31′22″	29°31′41″	119°31′31″	29°31′12″	356
04 将军岩	119°31′26″	29°22′08″	119°31′16″	29°22′53″	392
05 严陵坞	119°38′50″	29°41′27″	119°39′17″	29°41′18″	417
06 七里垄大坝前	119°39′13″	29°42′21″	119°39′26″	29°42′24″	397
07 窄溪	119°45′30″	29°52′22″	119°45′37″	29°52′18″	264
08 渔山	120°05′53″	30°05′07″	120°06′19″	30°04′28″	1407
09 浦阳江出口	120°10′31″	30°05′23″	120°10′38″	30°05′23″	205
10 尖山	120°17′12″	29°56′38″	120°17′11″	29°56′40″	116
11 袁浦	120°09′48″	30°07′16″	120°09′59″	30°07′31″	582
12 猪头角	120°18′29″	30°17′24″	120°18′06″	30°16′59″	1949

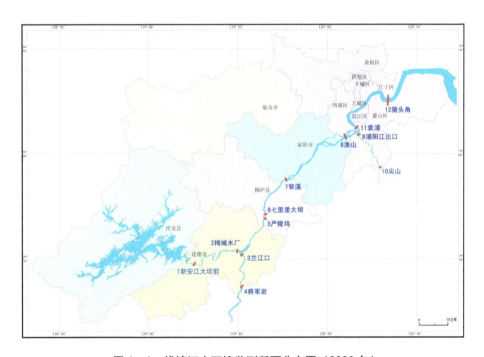

图 4-4 钱塘江水环境监测断面分布图（2006 年）

4.2.2 测量断面情况与测量数据

研究区域 12 个河流监测断面的剖面情况如图 4-5 所示。

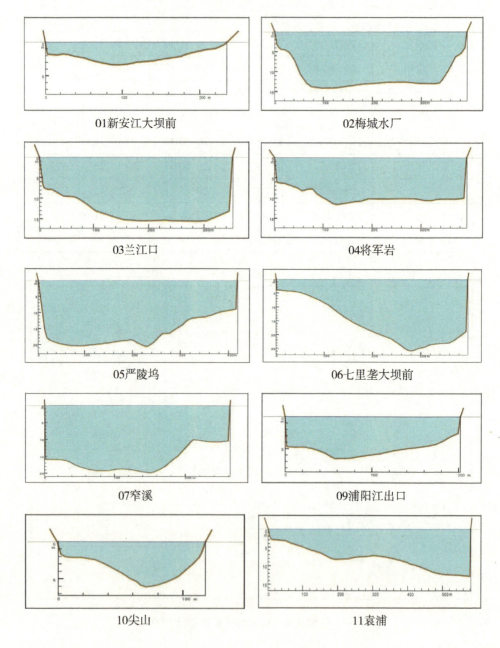

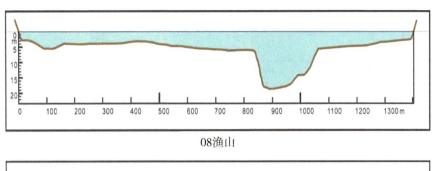

08 渔山

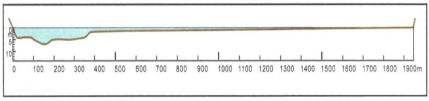

12 猪头角

图 4-5　河流监测断面的剖面图（01～12 号断面）

2006 年丰水期、平水期、枯水期 3 个水文时期断面流量野外监测数据如表 4-6 至表 4-8 所示。每个监测断面的流量值 $Q_{断面}$ 是 Q_{ADCP} 与 $Q_{岸边}$ 之和，Q_{ADCP}

表 4-6　丰水期断面流量数据表（2006.6.4—2006.6.5）

单位：m³/s

断 面 名 称	Q_{ADCP}	$Q_{岸边}$	$Q_{断面}$
01 新安江大坝前	734.7	145.7	880.4
02 梅城水厂	799.1	121.5	920.6
03 兰江口	2352.5	149.0	2501.5
04 将军岩	2617.6	154.4	2772.0
05 严陵坞	2822.0	228.4	3050.4
06 七里垄大坝前	3004.9	192.7	3197.6
07 窄溪	3070.2	170.2	3240.4
08 渔山	2512.4	134.2	2646.6
09 浦阳江出口	138.6	12.7	151.3
10 尖山	135.0	12.7	147.7
11 袁浦	2755.0	168.3	2923.3
12 猪头角	3308.5	191.3	3499.8

表4-7 平水期断面流量数据表 (2006.10.15—2006.10.20)

单位：m³/s

断 面 名 称	Q_{ADCP}	$Q_{岸边}$	$Q_{断面}$
01 新安江大坝前	7.1	1.4	8.5
02 梅城水厂	319.8	5.1	324.9
03 兰江口	107.6	2.1	109.7
04 将军岩	239.2	6.8	246.0
05 严陵坞	-36.7	13.2	-23.5
06 七里垄大坝前	-21.9	7.8	-14.1
07 窄溪	263.4	8.8	272.2
08 渔山	426.7	7.7	434.4
09 浦阳江出口	54.3	1.8	56.1
10 尖山	32.2	5.8	38.0
11 袁浦	234.2	14.2	248.4
12 猪头角	425.0	18.4	443.4

注：断面流量中"-"表示水流为回流，方向为自下游到上游。

表4-8 枯水期断面流量数据表 (2006.12.27—2006.12.31)

单位：m³/s

断 面 名 称	Q_{ADCP}	$Q_{岸边}$	$Q_{断面}$
01 新安江大坝前	1.2	0.8	2.0
02 梅城水厂	-189.8	7.8	-182.0
03 兰江口	93.6	5.3	98.9
04 将军岩	110.2	7.1	117.3
05 严陵坞	631.8	13.5	645.3
06 七里垄大坝前	1428.0	7.3	1435.3
07 窄溪	1169.3	32.6	1201.9
08 渔山	46.9	11.8	58.7
09 浦阳江出口	9.2	7.7	16.9
10 尖山	15.5	8.8	24.3
11 袁浦	499.0	19.7	518.7
12 猪头角	220.7	20.2	240.9

注：断面流量中"-"表示水流为回流，方向为自下游到上游。

及 $Q_{岸边}$ 的算法参见第 2 章 "2.3.2（2）ADCP 流量/流速的数据处理方法"。其中，12 号断面流量 $Q_{岸边}$ 宽浅部分（见图 4-5 之 12）的测算基于旋桨流速仪测验数据。

4.3 不同工况流场的模拟

4.3.1 计算区域及其网格划分

在研究中，对河流的数字化以 MapInfo 7.0 为平台，采用 Longitude/Latitude 投影格式完成 1∶250000 的边界数字化。在 MapInfo 球面坐标与 Delft3D 平面直角坐标（笛卡尔坐标系）的转换处理上，运用 MapInfo 的 tab 到 mif 格式的交换。由于河流中"岛"的存在，形成了多个闭合边界（polygon），研究中对多个 polygon 的直角坐标分别进行冗余检验和处理，得到了 Delft3D-rgfGrid 模块所需的平面直角坐标文件。

对研究河段采取以七里垄大坝为界，分两部分分别进行模拟的方案，上、下游段的模拟计算区域（以汇流区为例）网格划分如图 4-6 所示。

计算网格划分由 Delft3D 的前处理模块 Delft3D-rgfGrid 完成。采用贴体正交曲线网格，边界贴合较好。

1）上游段，模拟河段的开边界在新安江段上游取大坝前，兰江段取将军岩，富春江段取七里垄大坝前。网格数为 6120×2460，有效计算网格约为 1000000 个。

2）下游段，模拟河段的开边界在富春江段取七里垄大坝，浦阳江段取尖山，钱塘江下游取猪头角。网格数为 4320×8260，有效计算网格约为 1440000 个。

4.3.2 初始条件与参数设置

模型的模拟时间取钱塘江流域丰水期、平水期、枯水期 3 个水文时期，根据多次示踪模拟与研究，为确保模拟河段的流场和污染物的扩散达到稳定状态，确定模拟的时间长度为上游 7 d、下游 15 d。

初始条件为：

$$\begin{cases} Z(x,y,t)\big|_{t=0} = Z(x,y) = 0 \\ u(x,y,t)\big|_{t=0} = v(x,y,t)\big|_{t=0} = 0 \end{cases}$$

式中：Z 为河流中某点流速矢量之和；u 为 x 方向流速；v 为 y 方向流速。

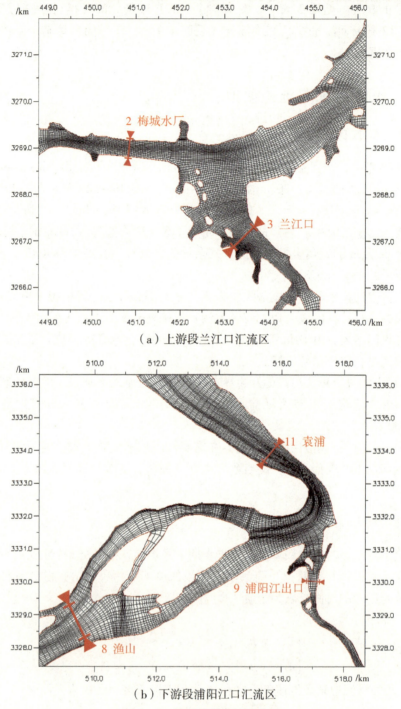

(a) 上游段兰江口汇流区

(b) 下游段浦阳江口汇流区

图 4-6 模拟计算区域网格图

模型参数设置为：模型区域纬度取 30°N，经度取 120°E。由于模拟时间较短，且作为内陆河，是由河道地形、地球引力及自转力为驱动力，故只考虑水面风速对流场的影响。风速参考浙江省气象台数据资料，取平均值，丰水期取东南风 3 m/s，平水期取北风 2 m/s，枯水期取偏北风 1.5 m/s。

河床糙率由曼宁系数 n 表示，在参考史英标等[163]钱塘江河口洪水特性及动床数值预报模型研究结论和课题组以往相关的研究成果后，确定 n 的取值。研究范围上游段 n 的取值：新安江段（新安江大坝前断面至梅城水厂断面以下的兰江出口位置）和兰江段（将军岩断面至兰江口断面以下的兰江出口位置）为 0.025~0.030；富春江段（兰江出口位置至七里垄大坝断面）为 0.020~0.025。研究范围下游段 n 的取值：闻家堰以上河段（七里垄大坝断面至袁浦断面，尖山断面至袁浦断面）为 0.015~0.020；闻家堰（袁浦断面）至闸口河段涨、落潮分别为 0.012 和 0.015；闸口至猪头角断面河段涨、落潮分别为 0.010 和 0.012。

模型的重力加速度 g 取 9.81 m/s^2，水的密度取 1012 kg/m^3，大气密度取 1.0 kg/m^3，温度取 15 ℃。除开边界外，其余边界均默认为闭边界，采用自由滑动边界条件。水平方向紊动黏滞系数和扩散系数均取 10 m/s^2。

4.3.3 流场的验证

数学模型能否复演出与天然相似的流场，关键取决于模型计算结果与实测资料的吻合程度。课题组在测量平水期和枯水期的过程中，因对不同测量断面的时间同步性很差，加之这两个时期新安江大坝和七里垄大坝断面当时均为非下泄放水的状态，而流量的测量是采取瞬时测量的方案，故这两个时期现场测量的结果不具有代表性。

为了使模型验证结果更为完整可靠，本研究对丰水期实测与模拟情况的流量和流速予以验证。其中，流速采取对各断面取左（L）、中（M）、右（R）三个点位验证的方案。丰水期两种工况的流量验证情况见表 4-9，模拟流速与实测流速验证情况见表 4-10 和图 4-7。

在表 4-9 中，Q_1、Q_2 分别为丰水期 1 和丰水期 2 的实测流量值。为满足水量守恒条件，各边界断面的流量 $Q_{模拟}$ 取值分别为：新安江大坝前 750 m^3/s，将军岩 2550 m^3/s，七里垄大坝前 3300 m^3/s，尖山 200 m^3/s，猪头角 3500 m^3/s。其中，新安江大坝前、将军岩和尖山断面的模拟取值与实测值的差异较大，七里垄大坝前断面的模拟取值与实测值的差异较小，猪头角断面的模拟取值与实测值基本吻合。丰水期 1 和丰水期 2 的流量模拟的误差范围分别为 -27.0%~

22.5%和-25.4%～23.6%,平均误差分别为±12.4%和±11.8%。总体上,流量模拟的误差在27%以下,平均误差在12%左右,误差较大与边界流量的取值有较大的关系。

从表4-10可以看出,丰水期1和丰水期2的各断面左、中、右三个点位模拟的误差范围分别为-12.2%～9.5%,-10.0%～10.5%和-8.1%～6.3%,平均误差分别为±6.1%,±6.1%和±5.3%。总体上,两种工况下,误差范围在12.2%以下,平均误差在6%左右。从各监测断面流速的验证图来看,数值模拟结果与现场测试结果符合得较好,模型计算基本令人满意。表明本模型及选定的参数基本合理可靠,可以模拟研究河段不同水文情景流场的过程。

表4-9 丰水期流量工况验证误差分析

断面名称	Q_1/ ($m^3 \cdot s^{-1}$)	Q_2/ ($m^3 \cdot s^{-1}$)	$Q_{模拟}$/ ($m^3 \cdot s^{-1}$)	误差1	误差2
新安江大坝前	872.3	888.5	750	16.3%	18.5%
梅城水厂	916.3	924.9	748	22.5%	23.6%
兰江口	2485.7	2517.3	2547	-2.4%	-1.2%
将军岩	2754.8	2789.2	2550	8.0%	9.4%
严陵坞	3028.2	3072.6	3296	-8.1%	-6.8%
七里垄大坝前	3171.5	3223.7	3300	-3.9%	-2.3%
窄溪	3213.3	3267.5	3289	-2.3%	-0.7%
渔山	2625.9	2667.3	3270	-19.7%	-18.4%
浦阳江出口	148.5	154.1	193	-23.1%	-20.2%
尖山	146.1	149.3	200	-27.0%	-25.4%
袁浦	2906.4	2940.2	3422	-15.1%	-14.1%
猪头角	3476.5	3523.1	3500	-0.7%	0.7%
汇总	误差范围			-27.0%～22.5%	-25.4%～23.6%
	平均误差			±12.4%	±11.8%

表 4-10 丰水期工况实测与模拟流速验证

工况	断面名称	实测 v / (m·s^{-1})			模拟 v / (m·s^{-1})			误 差		
		左	中	右	左	中	右	左	中	右
丰水期1	梅城水厂	0.13	0.18	0.15	0.14	0.20	0.16	-7.1%	-10.0%	-6.3%
	兰江口	0.23	0.87	0.85	0.21	0.90	0.87	9.5%	-3.3%	-2.3%
	严陵坞	0.49	0.56	0.55	0.51	0.60	0.60	-3.9%	-6.7%	-8.3%
	窄溪	0.72	0.92	0.79	0.82	0.87	0.86	-12.2%	5.7%	-8.1%
	渔山	0.21	0.39	0.30	0.22	0.37	0.32	-4.5%	5.4%	-6.3%
	浦阳江出口	0.19	0.20	0.19	0.18	0.19	0.18	5.6%	5.3%	5.6%
	袁浦	0.39	0.96	0.94	0.36	0.87	0.90	8.3%	10.3%	4.4%
丰水期2	梅城水厂	0.15	0.21	0.17	0.14	0.20	0.16	7.1%	5.0%	6.3%
	兰江口	0.20	0.88	0.89	0.21	0.90	0.87	-4.8%	-2.2%	2.3%
	严陵坞	0.53	0.59	0.57	0.51	0.60	0.60	3.9%	-1.7%	-5.0%
	窄溪	0.87	0.93	0.84	0.82	0.87	0.86	6.1%	6.9%	-2.3%
	渔山	0.21	0.39	0.30	0.22	0.37	0.32	-4.5%	5.4%	-6.3%
	浦阳江出口	0.17	0.21	0.17	0.18	0.19	0.18	-5.6%	10.5%	-5.6%
	袁浦	0.37	0.93	0.95	0.36	0.87	0.90	2.8%	6.9%	5.6%
点 位		左			中			右		
误差范围		-12.2%～9.5%			-10.0%～10.5%			-8.1%～6.3%		
平均误差		±6.1%			±6.1%			±5.3%		

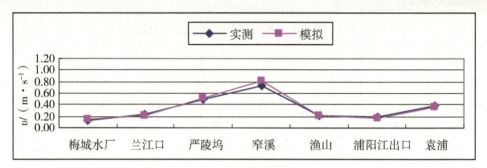

（a）丰水期1左岸

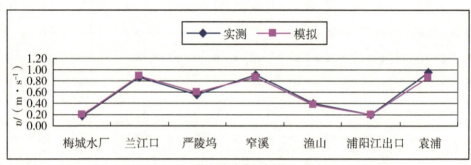

（b）丰水期1中间

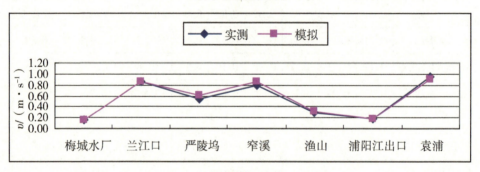

（c）丰水期1右岸

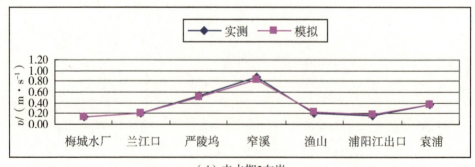

（d）丰水期2左岸

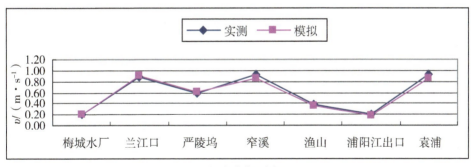

（e）丰水期2中间

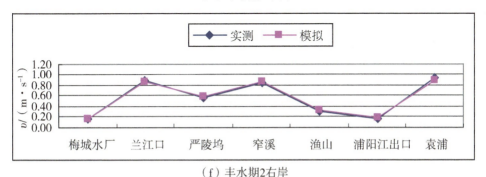

（f）丰水期2右岸

图4-7　丰水期两种工况断面流速验证

4.4　流场模拟结果及其对污染物扩散的影响分析

4.4.1　上游段流场模拟结果与分析

流量边界条件为：由于数据资料有限，为尽可能地使模型接近现实，大坝下泄流量分别参考实测值。分别在梅城水厂、兰江口、严陵坞三处设观测断面。丰水期，新安江大坝前、将军岩模拟流量值分别取 750 m^3/s，2550 m^3/s，七里垄大坝前取 3300 m^3/s；平水期，新安江大坝前、将军岩模拟流量值分别取 100 m^3/s，420 m^3/s，七里垄大坝前取 520 m^3/s；枯水期，新安江大坝前、将军岩模拟流量值分别取 60 m^3/s，200 m^3/s，七里垄大坝前取 260 m^3/s。上游段3个水文时期的流场图如图4-8所示。

上游段，3个水文时期流速的范围分别为：丰水期 0.1～1.0 m/s，平水期 0.02～0.16 m/s，枯水期 0.01～0.08 m/s。与模拟工况第7日的流量值相对应，平水期的流速是枯水期的2倍，而丰水期的流速是平水期的6倍左右。

新安江段：丰水期流速为0.1～0.3 m/s，平水期0.02～0.04 m/s，枯水期0.01～0.02 m/s。其中，新安江的"几"字形拐弯处，河道相对狭窄，流速值较其余河段大。

兰江段：丰水期流速为0.4～0.7 m/s，平水期0.04～0.14 m/s，枯水期0.03～0.07 m/s。兰江段河道宽度沿途有变化，但大致在弯道处相对较宽，这些地方的流速值相对小于平直河段。

富春江段：丰水期流速为0.2～1.0 m/s，平水期0.04～0.16 m/s，枯水期0.02～0.08 m/s。其中，自兰江口往下游的三都镇境内河段河道较宽，该段的流速值较兰江低，但大于新安江的流速。三都镇下游的河段（建德境内）河道宽度变窄，流速变大，达到最大值。富春江在桐庐境内属于河道型水库，河道渐宽，流速渐小。

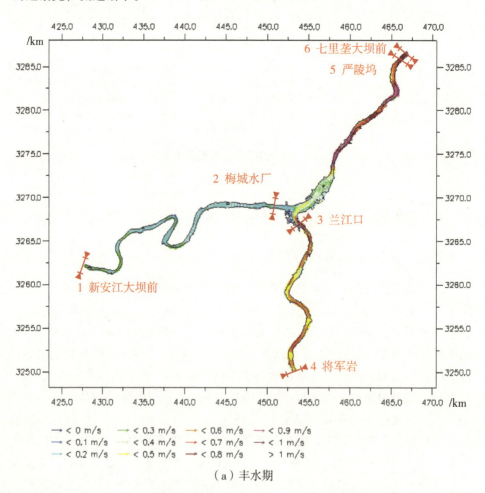

（a）丰水期

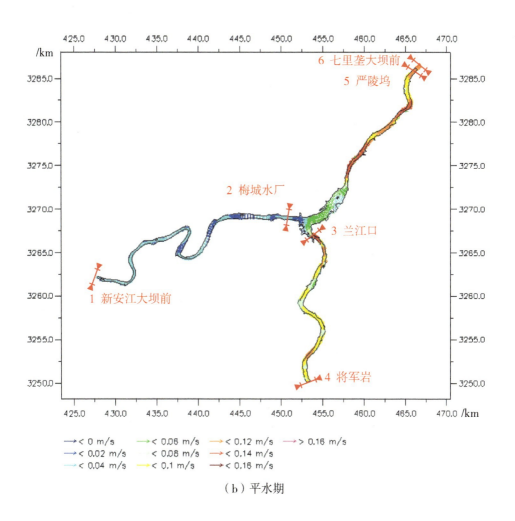

（b）平水期

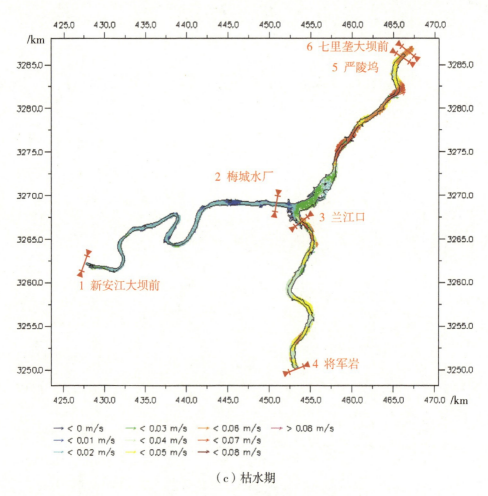

(c)枯水期

图4-8 上游段3个水文时期流场图

4.4.2 兰江口汇流区模拟结果与分析

上游段模拟工况第7日兰江出口汇流区流场图如图4-9所示。上游段的兰江和新安江的交汇处，3次现场测量时均发现在近河流交汇区有"流量测不准"现象，表现为流量测量值出现负值或波动较大，故在模拟时重点对此处进行分析。对兰江出口汇流区流场的分析重点为：来水方向兰江A、新安江C，交汇处B、D，交汇处影响下游部分E、F、G、H。模拟结果表明：

交汇处水流的主要流向：丰水期和平水期为 A—D—E—G—H，枯水期为 A—B 及 A—D—E—G—H，但丰水期出现沿主流外侧明显回流的现象，平水期和枯水期则因流速较小，回流不明显。

交汇处 B：以丰水期的影响最为显著，水流的扰动是来水方向 A、C 污染物质混合的重要原因；平水期的影响略有减弱，当兰江来水量较大时，对来水方向 C 的污染距离与范围均较大；枯水期的影响较弱，对来水方向的影响距离较短，范围相对变小。

交汇处影响下游部分 F：F 处在丰水期形成大范围的回流，较强的水流扰动使得污染物质进一步混合；平水期的影响减弱；枯水期的影响较弱。

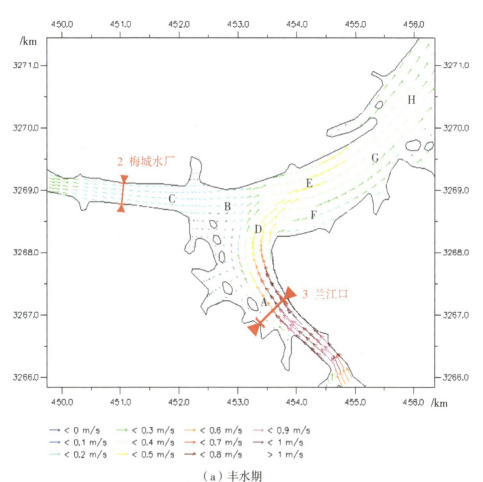

（a）丰水期

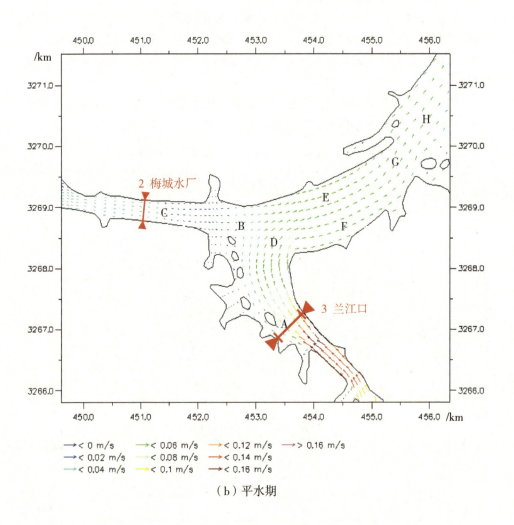

(b) 平水期

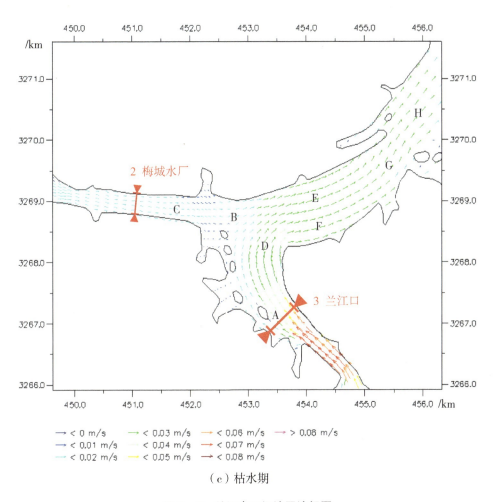

(c) 枯水期

图4-9 兰江出口汇流区流场图

4.4.3 下游段流场模拟结果与分析

边界条件为：丰水期，七里垄大坝、尖山模拟流量值分别取 3300 m^3/s、200 m^3/s，猪头角取 3 500 m^3/s；平水期，七里垄大坝、尖山模拟流量值分别取 520 m^3/s、80 m^3/s，猪头角取 600 m^3/s；枯水期，七里垄大坝、尖山模拟流量值分别取 260 m^3/s、40 m^3/s，猪头角取 300 m^3/s。分别在窄溪、渔山、浦阳江出口、袁浦4处设观测断面。下游段3个水文时期的流场图如图4-10所示。

下游段，3个水文时期的流速范围分别为：丰水期 0.1～0.8 m/s，平水期 0.02～0.16 m/s，枯水期 0.01～0.08 m/s。与模拟工况的流量值相对应，平水期的流速是枯水期的 2 倍，而丰水期的流速是平水期的 5 倍左右。

富春江段：丰水期流速为 0.2～1.0 m/s，平水期 0.04～0.16 m/s，枯水期 0.02～0.08 m/s。其中，桐庐境内河段河道宽度相对较窄，流速较大；富阳境内河段河道变宽，流速减小；渔山附近河段河道宽度较大，流速较小。

浦阳江段：丰水期流速为 0.1～0.4 m/s，平水期 0.02～0.06 m/s，枯水期 0.01～0.05 m/s。流速的较大值在尖山断面附近，其余河段因河道宽度变化不大，流速亦较均匀。

钱塘江段：丰水期流速为 0.2～0.5 m/s，平水期 0.02～0.10 m/s，枯水期 0.01～0.05 m/s。流速的较大值在袁浦断面附近，其次为钱江一桥和西兴大桥附近，猪头角断面附近河段的流速值最小。

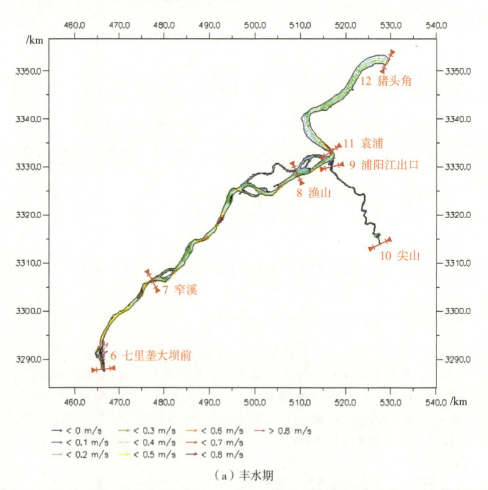

（a）丰水期

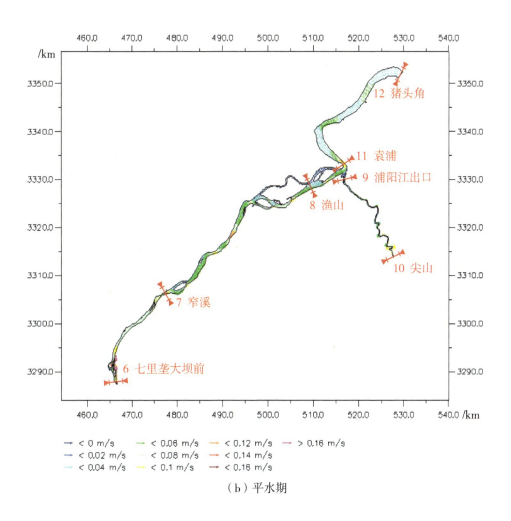

(b) 平水期

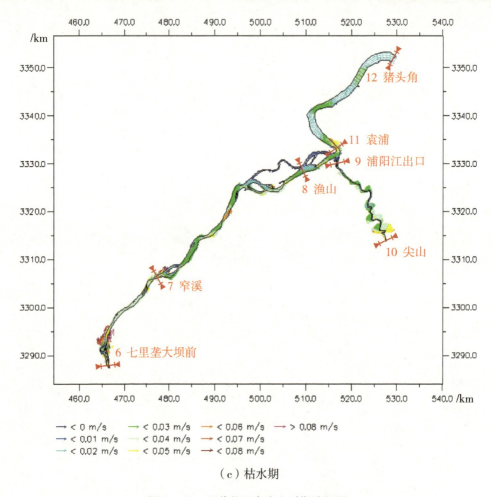

(c)枯水期

图 4-10 下游段 3 个水文时期流场图

4.4.4 浦阳江口汇流区模拟结果与分析

下游段模拟工况第 15 日浦阳江出口汇流区流场图如图 4-11 所示。下游段的浦阳江和钱塘江的交汇处,在丰水期现场测量时发现在浦阳江出口近交汇区有"流量测不准"现象,表现为流量测量值出现负值或波动较大,故在模拟时重点对此处进行分析。对浦阳江出口汇流区流场的分析重点为:来水方向浦阳江 A,富春江 B、C;交汇处 E;浦阳江出口 D;交汇处影响下游部分 F、G、M、N。模拟结果表明:

交汇处水流的主要流向:丰水期、平水期和枯水期均以 B—E—F—G 为主，其中来水C汇入主流，在F以下又以M—N为次要流向。

交汇处E：在丰水期、平水期和枯水期，因来水C的流速与来水B的差别，在E形成以来水B为主的主要流，因3个时期自浦阳江的来水流量小、流速相对较小，故未造成E处的回流现象。

浦阳江出口D：丰水期、平水期均见到因来水B和来水A的差异而形成的回流，但作用不是很强；枯水期则未见明显的回流现象。

交汇处影响下游F、G、M、N：丰水期和平水期，F—G均是转弯后河段的河流的主要流向，因河道地形相对单一，主流附近未见回流现象；枯水期则形成与F—G和M—N几乎等速的流向。

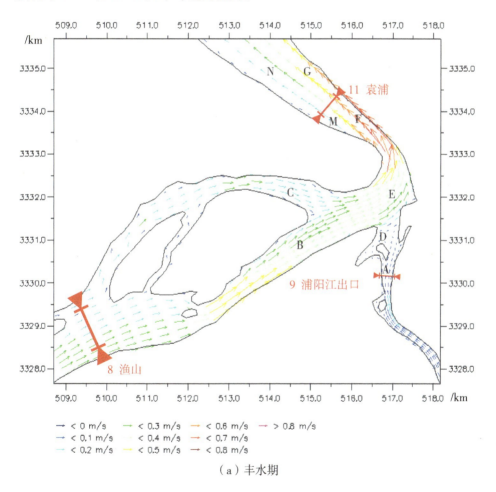

(a) 丰水期

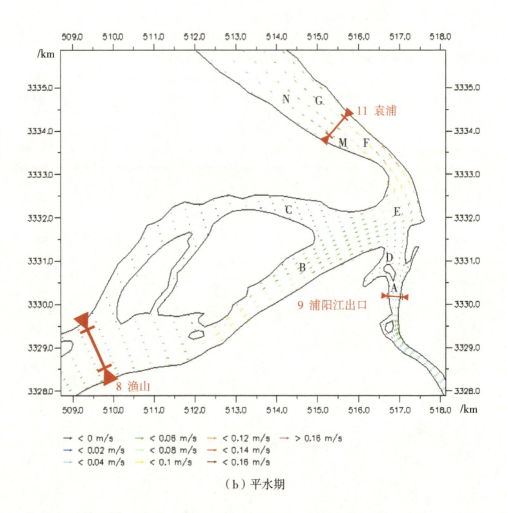

(b）平水期

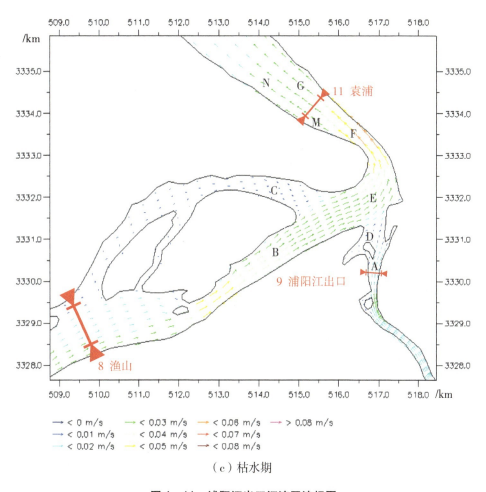

(c）枯水期

图 4-11　浦阳江出口汇流区流场图

4.4.5　汇流区流场变化对污染的重要作用

上游段兰江出口汇流区对污染物的重要影响：3个时期均在汇流区上游方向有回流形成，但以丰水期和平水期的影响为显著，枯水期影响相对较弱。丰水期在汇流区下游方向形成大范围回流，水体的强扰动可造成污染物的充分混合；平水期在汇流区下游方向内侧形成的回流减弱，水体的扰动成为该时期污染物混合的重要原因；枯水期在汇流区下游方向未见明显的回流现象，污染物未受回流的明显作用。

下游段浦阳江出口汇流区对污染物的重要影响：在汇流区近浦阳江出口范围，发现丰水期和平水期有回流形成，但水体的扰动作用不显著，对浦阳江污染物进入钱塘江的混合作用不明显；浦阳江出口汇流区的水流以来自富春江的两条支流来水为主体，并将浦阳江来水中的污染物汇入而进入下游方向。

第5章 钱塘江主要污染物时空变化规律与通量模拟

5.1 钱塘江流域水质概况

钱塘江流域浙江省境内每年产生大量工业废水和生活污水，大部分进入钱塘江干流及主要支流，另外，由于渔业养殖、地表径流、降尘、航运以及沿岸旅游业、宾馆、畜禽养殖产生或带来的各类污染物质进入水体，从而影响着钱塘江干流及各支流的水环境质量。对钱塘江流域水环境造成影响的污染源主要有工业污染源、生活污染源、畜禽养殖废水排放等几大类。

5.1.1 研究区域水环境污染调查

据统计，2005年，钱塘江流域杭州市排放废水总量 1.648×10^9 t，主要来自工业、生活和水产养殖；化学需氧量排放 2.424×10^5 t，主要来自工业、生活和畜禽养殖；氨氮排放 2.12×10^5 t，主要来自农田流失、生活、工业以及畜禽养殖；总磷排放 3.2×10^4 t，主要来自生活、畜禽养殖和农田面源。其中，工业废水主要为化工、电镀、造纸、石材等行业的污废水，重点污染源分布相对集中，主要有建德新安江段、桐庐钟山乡段、富阳春江区块等。

(1) 建德新安江段：化工行业

建德市新安江段是化工行业的集中区，并且主要污染源大多分布在新安江两岸。从工业源和生活源来看，新安江街道和梅城镇是污染集中区，居建德市污染排放量前两位。

从污染特征看，该江段磷污染急速上升，调查结果显示，工业废水对其影响最大。这一区域 2005 年分布着多家生产含磷产品或在生产工艺中大量使用含磷材料的工业源，如新安江化工股份有限公司建德化工厂、新安江化工股份有限公司建德化工二厂、建德市新化化工有限责任公司、新安江化工股份有限公司建德农药厂、国际香料香精（杭州）有限公司、杭州格林香料化学有限公司、建业有机化工有限公司、友邦香料香精有限公司、建德市城市污水处理厂等。

（2）桐庐钟山乡段：石材加工企业

桐庐钟山乡位于桐庐县中南部，石材加工是钟山乡的支柱产业，2005 年，全乡共有石材加工企业 107 家。据了解，这些企业的大量磨石废水和有害液体未经任何处理直排入清绪溪，致使清绪溪水源遭受严重污染，其每年向清绪溪排放的污泥总量在 7000 t 左右。清绪溪的水体遭受污染，不仅下游建德钦堂乡人民深受其害，桐庐的芝夏、富春江镇人民也遭受其害，同时，富春江的水体也遭受污染。

（3）富阳春江区块：造纸企业

富阳春江造纸工业园区是浙江省三大造纸基地之一，2005 年，有工业企业 202 家，其中，造纸企业 140 余家，造纸生产线 183 条，产值 500 万元以上规模企业 89 家。造纸业既是当地的"财富源泉"，又是当地的"环境杀手"，造纸污水处理的低效率和高成本，是导致水污染问题突出的重要原因之一。

5.1.2 水环境监测的指标与标准

（1）水环境监测指标

水质监测项目共 20 项：NH_3-N、粪大肠菌群、氟化物、高锰酸盐指数、铬（6 价）、挥发酚、氯化物、溶解氧、生化需氧量、硒（4 价）、硝酸盐、镉、汞、磷、锰、铅、氰化物、砷、铜、锌。

（2）评价标准与方法

水质评价方法采用污染综合指数评价法，评价标准采用国家《地表水环境质量标准》（GB 3838—2002），参见表 5-1 及表 5-2。

综合污染指数可以较好地反映不同水域水质污染的总体水平差异，便于不同水域之间水质的综合、全面的分析比较。计算各断面的综合污染指数，按照污染指数的大小，可了解钱塘江流域干、支流水环境的优劣以及水质随季节变化的情况。综合污染指数计算方法如下：

$$P_j = \frac{1}{n}\sum_{j=1}^{n} P_{ij}, \quad P_{ij} = \frac{C_{ij}}{C_{i0}}$$

式中：P_j 为 j 断面水污染综合指数；P_{ij} 为 j 断面 i 项污染物的污染指数；C_{ij} 为 j 断面 i 污染物浓度的年平均值；C_{i0} 为 i 项污染物浓度评价标准值；n 为参与评价污染物基数。

水质综合指数分级标准参见表 5-3。

表 5-1　GB 3838—2002《地表水环境质量标准》

单位：mg/L

序号	项目		分　类				
			Ⅰ类	Ⅱ类	Ⅲ类	Ⅳ类	Ⅴ类
1	水温		人为造成的环境水温变化应限制在：周平均最大温升≤1 ℃；周平均最大温降≤2 ℃				
2	溶解氧	≥	饱和率90%（或7.5）	6	5	3	2
3	高锰酸钾指数	≤	2	4	6	10	15
4	化学需氧量（COD）	≤	15	15	20	30	40
5	五日生化需氧量（BOD_5）	≤	3	3	4	6	10
6	氨氮（NH_3-N）	≤	0.15	0.5	1.0	1.5	2.0
7	总磷（以P计）	≤	0.02	0.1	0.2	0.3	0.4
8	铜	≤	0.01	1.0	1.0	1.0	1.0
9	锌	≤	0.05	1.0	1.0	2.0	2.0
10	砷	≤	0.05	0.05	0.05	0.1	0.1
11	汞	≤	0.00005	0.00005	0.0001	0.001	0.001
12	镉	≤	0.001	0.005	0.005	0.005	0.01
13	铬（6价）	≤	0.01	0.05	0.05	0.05	0.1
14	铅	≤	0.01	0.01	0.05	0.05	0.1
15	氰化物	≤	0.005	0.05	0.2	0.2	0.2
16	挥发酚	≤	0.002	0.002	0.005	0.01	0.1

表 5-2　集中式生活饮用水地表水源地补充项目标准限值

单位：mg/L

序　号	项　目	标　准　值
1	氯化物（以Cl计）	250
2	硝酸盐（以N计）	10
3	铁	0.3
4	锰	0.1

表 5-3　水质综合指数分级标准

水质状况	优质	良好	轻污染	中污染	重污染	严重污染
类　别	Ⅰ	Ⅱ	Ⅲ	Ⅳ	Ⅴ	劣Ⅴ类
P_i	0～0.2	0.2～0.4	0.4～0.7	0.7～1.0	1.0～2.0	>2.0

5.1.3　流域水质评价结果

(1) 现状年水质评价结果

2006年，钱塘江流域评价河长1229.4 km，参与评价的重点水功能区64个，评价断面72个。钱塘江水系的新安江、白沙溪以Ⅰ～Ⅱ类水为主；马金溪、熟溪、富春江、分水江以Ⅲ类水为主；钱塘江杭州河段以Ⅳ类水为主；兰江为Ⅲ～Ⅳ类水；南江上游为Ⅲ～Ⅳ类水，下游为劣Ⅴ类水；衢江以Ⅲ类水为主；江山港上游为Ⅰ～Ⅲ类水，下游为劣Ⅴ类水为主；金华江、东阳江、武义江以Ⅴ～劣Ⅴ类水为主；浦阳江以Ⅱ～Ⅲ类水为主；曹娥江水系中的小舜江、澄潭江以Ⅱ类水为主，曹娥江嵊州河段为劣Ⅴ类水。该流域主要超标项目为氨氮、总磷、溶解氧、高锰酸盐指数、五日生化需氧量、挥发酚，个别河段6价铬、总汞、镉超标。

钱塘江干流的15个断面中，上游新安江段5个断面全年水质为Ⅰ～Ⅱ类，年均值以及汛期、非汛期水质均符合各自水功能区目标要求。中下游富春江和钱塘江段10个断面，梅城、桐庐、窄溪、富阳、珊瑚沙、闸口年均值为Ⅲ类；里山、闻家堰、七堡为Ⅳ类；富春江大坝（按湖库标准评价）为Ⅴ类；符合水功能区目标要求的仅梅城断面。梅城至富阳段，汛期水质优于非汛期水质；富阳以下的各个断面，汛期水质劣于非汛期水质。主要超标项目为溶解氧、氨氮、总磷。

钱塘江支流兰江断面水质年均值、汛期均值符合Ⅲ类水功能区目标要求，非汛期均值因氨氮超标而不符合其水功能区目标要求；分水江3个断面水质常年为Ⅱ类，符合水功能区目标要求；浦阳江临浦断面年均值以及汛期、非汛期水质均为Ⅳ类，不符合Ⅲ类水功能区目标要求，超标项目为氨氮。

(2) 近年来流域水质变化趋势

根据2001—2005年对钱塘江水系45个省控监测断面的水质评价结果，流域水质变化趋势分析见图5-1。

2001—2005年，钱塘江水系水质状况总体良好，其中，Ⅰ～Ⅲ类水断面占50%以上，整个水系近50%的断面水质能满足水域功能要求。

近年来，钱塘江水系的水质有两个特征：一是主要污染指标为氨氮和总磷，其次为COD_{Mn}；二是超标区域较为集中，主要污染区域为东阳江、南江、金华江、江山港等，其次为钱塘江、兰江、富春江、武义江等。

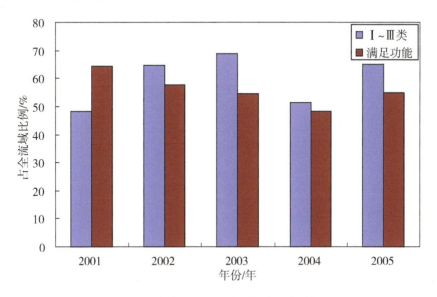

图 5-1　钱塘江水系"十五"期间水质状况

5.2　氨氮、总磷浓度时空变化规律解析

为探讨 NH_3-N 和 TP 浓度在钱塘江流域河流水环境中的时空变化规律，项目对监测年（2006 年）不同水文时期进行了与水文测量同步的水质采样和监测分析，运用污染物通量模型（联合方程）中的水质模块（参见第 3 章"3.2.2　通量模型的控制方程及解法"）对监测河段进行水质模拟，通过实测与模拟数据的对比，解析监测年不同水文时期 NH_3-N 和 TP 的时空浓度差异，结合污染源调查，剖析污染因子浓度时空差异的原因。

5.2.1　项目监测年不同时期水质监测数据

2006 年不同水文时期水质监测汇总结果见表 5-4 至表 5-6。

表5-4　钱塘江丰水期主要污染物浓度测量（2006.6.4—2006.6.5）

单位：mg/L

监测断面名称	NH_3-N	TP
01 新安江大坝前	0.229	0.004
02 梅城水厂	0.288	0.065
03 兰江口	0.471	0.129
04 将军岩	0.403	0.188
05 严陵坞	0.345	0.141
06 七里垄大坝前	0.315	0.127
07 窄溪	0.349	0.112
08 渔山	0.348	0.149
09 浦阳江出口	0.732	0.143
10 尖山	0.530	0.182
11 袁浦	0.321	0.145
12 猪头角	0.431	0.294

表5-5　钱塘江平水期主要污染物浓度测量（2006.10.15—2006.10.20）

单位：mg/L

监测断面名称	NH_3-N	TP
01 新安江大坝前	0.440	0.008
02 梅城水厂	0.475	0.235
03 兰江口	0.400	0.262
04 将军岩	0.519	0.094
05 严陵坞	0.399	0.127
06 七里垄大坝前	0.373	0.132
07 窄溪	0.396	0.145
08 渔山	0.677	0.081
09 浦阳江出口	0.501	0.104
10 尖山	0.733	0.109
11 袁浦	0.585	0.083
12 猪头角	0.915	0.144

表5-6　钱塘江枯水期主要污染物浓度测量（2006.12.27—2006.12.31）

单位：mg/L

监测断面名称	NH_3-N	TP
01 新安江大坝前	0.039	0.022
02 梅城水厂	0.738	0.257
03 兰江口	0.941	0.107
04 将军岩	0.757	0.127
05 严陵坞	0.783	0.162
06 七里垄大坝前	0.803	0.126
07 窄溪	0.665	0.119
08 渔山	0.275	0.074
09 浦阳江出口	1.669	0.075
10 尖山	1.958	0.060
11 袁浦	0.377	0.083
12 猪头角	0.494	0.092

分别对丰水期、平水期、枯水期的水质进行采样分析，水样取各断面中央部位，自上而下依次采3个水样（距表层0.5 m处、中层1/2水深处、距底层0.5 m处），装入标准水样瓶，并于当天运往杭州市环境监测中心站实验室进行分析。

水质分析项目：NH_3-N（氨氮）采用7230G型可见分光光度计通过纳氏试剂比色法（GB/T 7479—1987）测定（参见第2章"2.3.3　氨氮的水质测定方法"）；TP（总磷）采用7230G型分光光度计根据钼酸铵分光光度法（GB/T 11893—1989）测定（参见第2章"2.3.4　总磷的水质测定方法"）。

5.2.2　上游段时空变化规律解析

通过将上游段观测断面污染物浓度实测值与模拟值对比（见表5-7及图5-2），有如下发现：

1）观测断面NH_3-N浓度随时间变化：梅城水厂断面，浓度按丰水期—平水期—枯水期依次升高，并呈现倍增态势；兰江口断面，枯水期是丰水期或平水期的2倍；严陵坞断面，枯水期是丰水期或平水期的2倍。总体时间规律是上游段NH_3-N以枯水期各断面浓度最高。

表5-7 上游段观测断面污染物实测值与模拟值对比

单位：mg/L

断面名称	时期	NH₃-N			TP		
		实测值	模拟值	实测-模拟	实测值	模拟值	实测-模拟
02 梅城水厂	丰水期	0.288	0.262	0.026	0.065	0.055	0.010
	平水期	0.475	0.443	0.032	0.235	0.008	0.227
	枯水期	0.738	0.758	-0.020	0.257	0.127	0.130
03 兰江口	丰水期	0.471	0.362	0.109	0.129	0.163	-0.034
	平水期	0.400	0.510	-0.110	0.262	0.092	0.170
	枯水期	0.941	0.751	0.190	0.107	0.128	-0.021
05 严陵坞	丰水期	0.345	0.385	-0.040	0.141	0.201	-0.060
	平水期	0.399	0.549	-0.150	0.127	0.102	0.025
	枯水期	0.783	0.125	0.658	0.162	0.018	0.144

2）观测断面TP浓度随时间变化：梅城水厂断面，丰水期很低，平水期和枯水期较高，这与新安江建德境内段洗涤等生活污水排放有很大关系，丰水期因新安江水库下泄流量较大而浓度相对较低；兰江口断面，平水期浓度几乎是丰水期或枯水期的2.5倍；严陵坞断面，3个时期变化不大，但以平水期为最低。

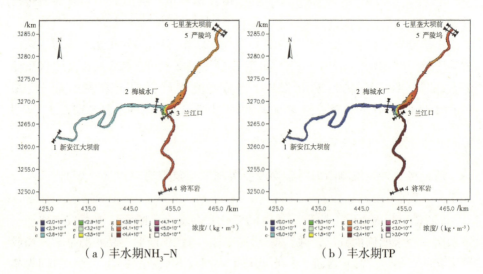

（a）丰水期NH₃-N　　　　（b）丰水期TP

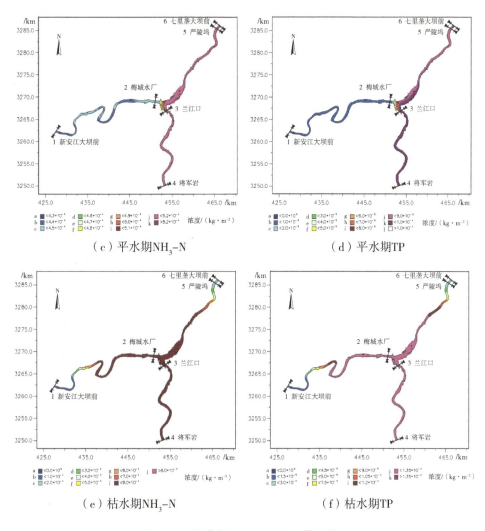

图 5-2　上游段 NH_3-N、TP 模拟结果

3）实测值与模拟值对比：对于 NH_3-N，梅城水厂断面 3 个时期实测值与模拟值较接近；兰江口断面，丰水期和枯水期实测值偏大而平水期偏小；严陵坞断面，总体实测值明显偏高，原因为受七里垄大坝的影响，污染物在此累积。对于 TP，梅城水厂断面，实测值明显很高，尤以平水期最为突出，原因为除受兰江污染影响外，新安江段本身亦有污染贡献；严陵坞断面，枯水期实测值明显很高而丰水期偏低，原因为受七里垄大坝的影响，污染物在此累积，但是丰水期由于沿途浓度逐渐降低，故实测值在该断面亦低于模拟值。

5.2.3 下游段时空变化规律解析

通过将下游段观测断面污染物浓度实测值与模拟值对比（见表5-8及图5-3），有如下发现：

1）观测断面NH_3-N浓度随时间变化：窄溪断面，枯水期浓度较高，而丰水期和平水期基本相同；渔山断面，平水期浓度较高，丰水期其次，枯水期最低；浦阳江出口断面，枯水期浓度较高，丰水期其次，平水期最低；袁浦断面，平水期浓度较高，而丰水期和平水期相近。

2）观测断面TP浓度随时间变化：窄溪断面，丰水期、平水期和枯水期浓度基本相同，平水期略高；渔山断面，丰水期浓度较高，而平水期和枯水期基本相同；浦阳江出口断面，丰水期浓度较高，平水期其次，枯水期最低；袁浦断面，丰水期浓度较高，而平水期和枯水期基本相同。

表5-8 下游段观测断面污染物实测值与模拟值对比

单位：mg/L

断面名称	时期	NH_3-N			TP		
		实测值	模拟值	实测-模拟	实测值	模拟值	实测-模拟
07 窄溪	丰水期	0.349	0.313	0.036	0.112	0.127	-0.015
	平水期	0.396	0.372	0.024	0.145	0.132	0.013
	枯水期	0.665	0.821	-0.156	0.119	0.126	-0.007
08 渔山	丰水期	0.348	0.314	0.034	0.149	0.127	0.022
	平水期	0.677	0.405	0.272	0.081	0.132	-0.051
	枯水期	0.275	0.812	-0.537	0.074	0.126	-0.052
09 浦阳江出口	丰水期	0.732	0.434	0.298	0.143	0.163	-0.020
	平水期	0.501	0.701	-0.200	0.104	0.115	-0.011
	枯水期	1.669	1.623	0.046	0.075	0.082	-0.007
11 袁浦	丰水期	0.321	0.341	-0.020	0.145	0.132	0.013
	平水期	0.585	0.410	0.175	0.083	0.135	-0.052
	枯水期	0.377	0.871	-0.494	0.083	0.122	-0.039

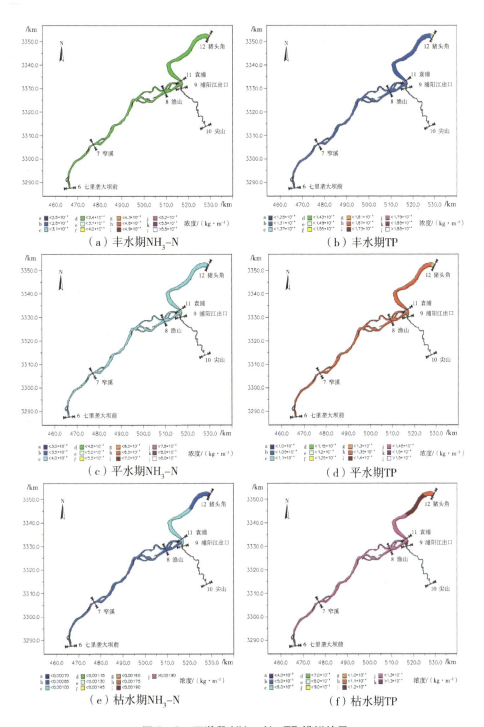

图5-3 下游段 NH_3-N、TP 模拟结果

3）实测值与模拟值对比：对于 NH_3-N，袁浦、渔山、窄溪断面枯水期实测值较模拟值偏小，表明该时期富春江段的污染贡献少；浦阳江出口断面，丰水期实测值较模拟值高，说明此时期浦阳江沿途污染贡献较高。对于 TP，渔山和袁浦断面，平水期和枯水期实测值较模拟值偏小，表明富春江段的污染贡献较小，其他时间观测断面实测值与模拟值均相近，与实际变化趋势基本吻合。

5.2.4　氨氮、总磷浓度的时空变化特征

（1）NH_3-N 浓度的时空变化特征

NH_3-N 浓度随时间的变化在上游段具有明显的规律，按丰水期—平水期—枯水期浓度递增，其中丰水期和平水期浓度值相近但平水期略高；下游段随时间的变化分布规律性不明显。NH_3-N 浓度的空间分布在 3 个时期均呈现自开始断面至严陵坞断面升高而后降低的态势，尤以富春江河段以下明显。支流对干流的污染贡献率较高，各时期均见兰江和浦阳江较高污染浓度造成与干流汇流后监测浓度值升高。

（2）TP 浓度的时空变化特征

TP 浓度随时间的变化在钱塘江富春江段以下呈现丰水期浓度高而枯水期浓度低的特点，此外，梅城水厂断面丰水期浓度值较低，兰江口和窄溪断面平水期浓度值较高；TP 在空间上的变化无明显规律，在兰江出口汇流区和浦阳江出口汇流区，两个来源（支流和干流）浓度值汇流后升高、降低和均值的情况均有发生。

5.3　通量模拟的水环境与水文概况分析

5.3.1　研究区域水环境功能区概况

根据《浙江省水功能区、水环境功能区划分方案》（浙江省水文局、浙江省环境监测中心站，2005）中浙江省水功能区、水环境功能区划图集，研究区域各行政区的水质目标及 GIS 图如图 5-4 所示。

本研究涉及建德市、桐庐县、原富阳市、杭州市共 4 个行政区（按 2006 年的行政区划），按照水环境功能区水质目标的分类，分别划分了 4、3、3、3 个河段，共计 13 个河段。在项目监测年（2006 年），根据研究组野外监测获得的测量数据，对丰水期、平水期和枯水期 3 个水文时期研究区域河段进行了河流的长度、宽度、水深和温度等指标的统计和分析。河流分段情况如图 5-4（f）所示，河段的具体水文数据如表 5-9 所示。

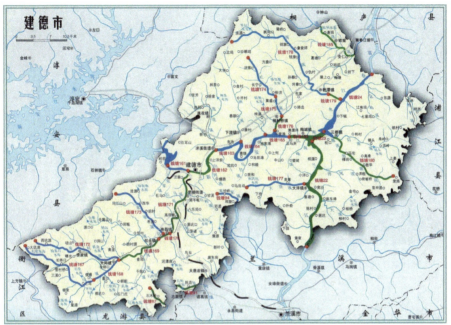

（a）建德市水环境功能区水质目标

（b）桐庐县水环境功能区水质目标

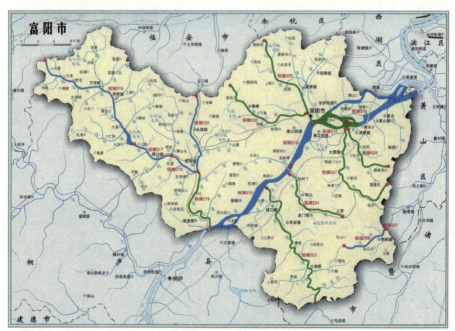

(c)原富阳市水环境功能区水质目标

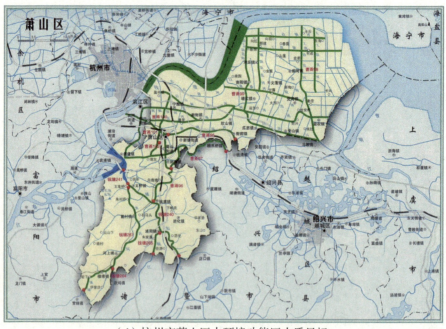

(d)杭州市萧山区水环境功能区水质目标

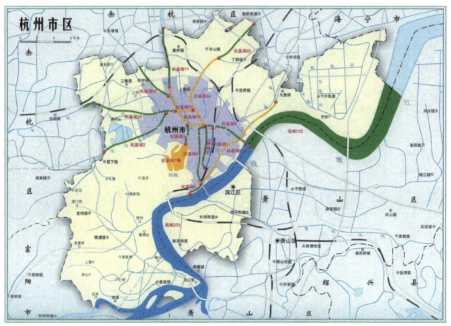

(e) 杭州市区水环境功能区水质目标

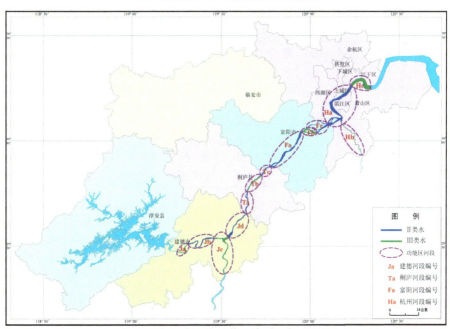

(f) 研究区水环境功能区水质目标GIS图

图 5-4 研究区域水环境功能区水质目标（2006年）

表 5-9 研究区域各行政区河段水文数据汇总

行政区	河段编号	目标水质	长度/km	起止断面	宽度/m	水深/m 丰	水深/m 平	水深/m 枯	水位/m 丰	水位/m 平	水位/m 枯	温度/℃ 丰	温度/℃ 平	温度/℃ 枯
建德市	Ja	Ⅲ	10	始	236	3.6	2.9	2.5	23.9	23.2	22.8	14.0	9.5	9.0
				终	452	6.0	5.3	4.9	23.7	23.0	22.6	14.3	9.7	9.2
	Jb	Ⅱ	21	始	452	6.0	5.3	4.9	23.7	23.0	22.6	14.3	9.7	9.2
				终	378	14.2	13.5	13.1	23.5	22.8	22.4	14.5	10.0	9.3
	Jc	Ⅲ	22.0 / 5.5 / 2.5	始1	356	11.8	11.1	10.7	23.7	23.0	22.6	14.7	10.5	9.5
				始2	378	14.2	13.5	13.1	23.5	22.8	22.4	14.5	10.0	9.3
				终	715	16.0	15.3	14.9	23.0	22.3	21.9	15.0	10.8	9.6
	Jd	Ⅲ	16.5	始	715	16.0	15.3	14.9	23.0	22.3	21.9	15.0	10.8	9.6
				终	417	17.5	16.8	16.4	22.8	22.1	21.7	19.5	15.5	10.0
桐庐县	Ta	Ⅱ	12.5	始	417	17.5	16.8	16.4	22.8	22.1	21.7	19.5	15.5	10.0
				终	556	18.0	17.3	16.9	8.2	7.5	7.1	21.0	17.0	10.2
	Tb	Ⅲ	11.5	始	556	18.0	17.3	16.9	8.2	7.5	7.1	21.0	17.0	10.2
				终	637	18.5	17.8	17.4	7.9	7.2	6.8	21.0	17.2	10.2
	Tc	Ⅱ	6	始	637	18.5	17.8	17.4	7.9	7.2	6.8	21.0	17.2	10.2
				终	464	19.5	18.8	18.4	7.7	7.0	6.6	21.7	17.4	10.2
原富阳市	Fa	Ⅱ	27	始	464	19.5	18.8	18.4	7.7	7.0	6.6	21.7	17.4	10.2
				终	1065	19.5	18.8	18.4	7.4	6.7	6.3	22.0	17.7	10.3
	Fb	Ⅲ	9	始	1065	19.5	18.8	18.4	7.4	6.7	6.3	22.0	17.7	10.3
				终	678	19.0	18.3	17.9	6.7	6.0	5.6	22.0	17.7	10.3
	Fc	Ⅱ	13.0 / 7.5	始1	279	19.0	18.3	17.9	6.8	6.1	5.7	22.2	17.8	10.5
				始2	678	19.0	18.3	17.9	6.7	6.0	5.6	22.0	17.7	10.3
				终	1490	19.2	18.5	18.1	6.2	5.5	5.1	22.5	18.0	10.5
杭州市	Ha	Ⅱ	9.0 / 3.0 / 25.5	始1	1490	19.2	18.5	18.1	6.2	5.5	5.1	22.5	18.0	10.5
				始2	206	6.8	6.1	5.7	5.6	4.9	4.5	23.0	18.0	8.0
				终	1375	6.4	5.7	5.3	5.4	4.7	4.3	23.0	18.0	10.8
	Hb	Ⅲ	26	始	92	6.5	5.8	5.4	5.8	5.1	4.7	23.0	17.5	7.8
				终	206	6.8	6.1	5.7	5.6	4.9	4.5	23.0	18.0	8.0
	Hc	Ⅲ	14	始	1375	6.4	5.7	5.3	5.2	4.5	4.1	23.0	18.0	10.8
				终	1949	6.2	5.5	5.1	4.8	4.1	3.7	23.0	18.0	11.0

注:"丰"指丰水期,"平"指平水期,"枯"指枯水期。

5.3.2 通量模拟的水文情景概况

(1) 关于水文情景/情势的定义及原因

水文学（hydrology）是地球物理学和自然地理学的分支学科，研究存在于大气层中、地球表面和地壳内部各种形态的水在水量和水质上的运动、变化、分布，以及与环境及人类活动之间相互的联系和作用。水文科学不仅研究水量，而且研究水质，不仅研究现时水情的瞬息动态，而且探求全球水的生命史，预测它未来的变化趋势。水的周而复始，不断转化、迁移和交替的现象称为水文循环。中国古籍《吕氏春秋》中写道："云气西行，云云然，冬夏不辍；水泉东流，日夜不休。上不竭，下不满，小为大，重为轻，圜道也"，提出了朴素的水文循环概念。

水在循环过程中存在和运动的各种形态，统称为水文现象。水文现象在各种自然因素和人类活动影响下，在空间分布或时间变化上都显得十分复杂。水文现象的时间变化过程存在着有周期而又不重复的性质，一般称为"准周期"性质。例如，河流每年出现水量丰沛的汛期和水量较少的枯季；通过长期观测可以看到，河流、湖泊的水量存在着连续丰水年与连续枯水年的交替，表现出多年变化。

水文循环是自然界各种水体的存在条件和相互联系的纽带，是水的各种运动、变化形式的总和，是水文科学研究的主要对象和核心内容；而在水文循环过程中，水文现象所表现出的特点决定了水文科学研究的特点。

水文科学主要根据已有的水文资料，预测或预估水文情势未来状况，直接为人类的生活和生产服务。在水文情景/情势的分析方法上，目前国内外较为常用的是采用"保证率"的指标，例如，第2章"2.1.1（3）水环境容量的参考（设定）水文条件"中，《全国水环境容量核定技术指南》[131]规定，作为计算水环境容量的重要参数，各流域一般可选择 $30Q_{10}$（Q_{10} 为近10年最枯月平均流量）作为设计流量条件，$30V_{10}$（V_{10} 为近10年最枯月平均库容）作为湖库的设计库容。这样计算的结果是得到一种水文情景下的水环境容量。

根据水环境容量的确定原则，要"尽量利用水域环境容量，以降低污水治理成本"，以利于"从流域的角度，合理调配环境容量"，结合钱塘江流域河流水文年际和年内变化较大的特点，进行不同水文情景下的水环境污染物允许通量的研究，对合理利用本流域的水环境容量意义重大。可见，基于保证率的静态水环境容量值的方案不能较好地利用流域的水环境容量，为此，本研究提出了基于情景分析法（scenario analysis）的污染物通量研究方案，它的优点在于可实现动态水环境容量的研究，从而更好地利用流域的水环境容量。

情景分析法亦称为前景描述法、情景描述法等,是服务于未来的一种水文信息分析方法,它是通过情景模拟(scenario simulation)来构建和描绘可能的未来水文情景/情势的一种模拟和分析方法。情景分析法的主要程序是:

1)确定预测的主题,明确预测的范围。

2)建立影响因素数据库,并将影响因素按其对预测主题的影响方向划分成一些恰当的集合。

3)根据影响因素集合,构思各种可能的未来情景。

4)设想一些突发事件,看其对未来情景可能的影响。

5)描述到达未来各种状态的发展演变途径。

综合上述分析,本研究对流域的水文情景划分方案为"水平年－水文时期"方案:

1)"水平年"划分为特丰年、丰水年、平水年、枯水年和特枯年5种情景年份,具体流量划分方案见下文"(2)研究区域河段水平年流量计算"。

2)"水文时期"划分为丰水期(6—9月)、平水期(3—5、10月)和枯水期(11、12、1、2月)3种情景时期。

(2)研究区域河段水平年流量计算

根据《钱塘江河口水资源配置规划》[57],闻家堰断面径流过程(1961—2000年)见图5-5及置于本章末的表5-10所示。

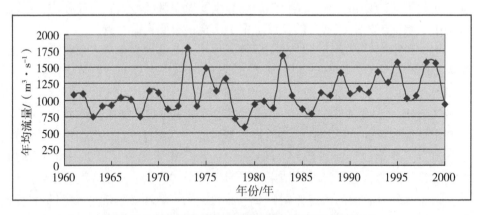

图5-5　闻家堰断面年均流量趋势(1961—2000年)

由图5-5可以发现,1961—2000年的40年间,闻家堰断面年均流量呈现较大的波动趋势,结合表5-10,该断面的多年平均径流量为1101.7 m^3/s,年均河川径流量为347.6×10^8 m^3/s。观察年均流量波动曲线可以看出,在多年平均径流量(1101.7 m^3/s)附近的年份并不是很多,而波峰、波谷的分布均占有一定的比例。为此,对闻家堰断面径流情况进行情景(水平年)分析,见表 5-11。

表 5-11　闻家堰断面径流水平年分析

特　征　年	流量范围/($m^3 \cdot s^{-1}$)	流量超出多年平均的比例	年数/年	出现频率
特丰年	≥1542.38	≥40%	5	13%
丰水年	1156.79～1542.38	5%～40%	6	15%
合计(特丰+丰)	≥1156.79	≥5%	11	28%
平水年	1046.62～1156.79	±5%	11	28%
枯水年	661.02～1046.62	5%～40%	17	43%
特枯年	≤661.02	≤40%	1	3%
合计(枯+特枯)	≤1046.62	≤5%	18	45%

分析发现,1961—2000 年的 40 年间,丰水年(流量范围为 1156.79～1542.38 m^3/s)出现的年数为 6,出现的频率为 15%;平水年(流量范围为 1046.62～1156.79 m^3/s)出现的年数为 11,出现的频率为 28%;枯水年(流量范围为 661.02～1046.62 m^3/s)出现的年数为 17,出现的频率为 43%;特丰年(流量范围为≥1542.38 m^3/s)出现的年数为 5,出现的频率为 13%;特枯年(流量范围为≤1046.62 m^3/s)出现的年数为 1,出现的频率为 3%。

结合表 5-11,对闻家堰断面的径流分别进行 5 种水平年的多年平均计算,在此基础上,对新安江、兰江、富春江 A、富春江 B、浦阳江和钱塘江 6 个河段的断面径流进行推算,得到研究区各河段断面径流推算结果,如表 5-12 所示。

其中,对各河流名称的起止断面的定义如下:
新安江:千岛湖水库大坝下至兰江口;
兰江:将军岩至兰江口;
富春江 A:兰江口至芦茨埠口;
富春江 B:芦茨埠口至浦阳江口;
浦阳江:尖山至浦阳江口;
钱塘江:浦阳江口至猪头角。

表 5-12 研究区各河段断面径流推算结果汇总

单位: m³/s

河段	水平年	3月	4月	平水期 5月	10月	6月	7月	丰水期 8月	9月	11月	12月	枯水期 1月	2月	年均流量	水量/10⁸ m³
新安江	特丰年	513.5	695.8	887.2	228.2	1303.3	797.5	313.1	302.0	244.4	211.2	309.7	324.7	510.1	160.9
	丰水年	446.1	536.5	726.4	211.5	963.5	627.4	304.1	274.4	232.5	172.2	211.7	284.9	415.6	131.1
	平水年	361.3	409.8	481.1	188.0	629.9	489.0	247.1	263.7	228.9	154.1	181.7	278.0	326.7	103.0
	枯水年	352.0	383.3	400.4	181.0	442.2	328.3	224.0	177.6	197.6	129.3	154.5	230.1	267.0	84.2
	特枯年	206.9	300.2	318.8	131.8	224.4	178.4	150.7	174.3	161.8	88.3	104.8	122.0	180.2	56.8
兰江	特丰年	796.8	1079.6	1376.6	354.1	2022.2	1237.5	485.9	468.7	379.2	327.7	480.6	503.9	791.5	249.6
	丰水年	692.2	832.5	1127.0	328.2	1495.1	973.4	471.8	425.8	360.7	267.2	328.4	442.1	644.9	203.4
	平水年	560.6	635.9	746.5	291.6	977.4	758.7	383.4	408.2	355.2	239.2	281.9	431.3	507.0	159.9
	枯水年	546.2	594.7	621.2	280.8	686.1	509.4	347.6	275.6	306.6	200.6	239.7	357.0	414.4	130.7
	特枯年	321.0	465.8	494.6	204.6	348.2	276.9	233.9	270.5	251.1	137.1	162.6	189.3	279.6	88.2
富春江A	特丰年	1311.0	1776.3	2265.0	582.6	3327.3	2036.1	799.4	771.1	623.9	539.2	790.8	829.0	1302.2	410.7
	丰水年	1138.9	1369.8	1854.4	540.0	2459.9	1601.7	776.3	700.7	593.5	439.7	540.4	727.4	1061.1	334.6
	平水年	922.4	1046.3	1228.2	479.9	1608.2	1248.4	630.8	671.6	584.4	393.5	463.8	709.6	834.2	263.1
	枯水年	898.7	978.5	1022.2	462.0	1128.9	838.2	571.9	453.5	504.4	330.1	394.5	587.4	681.8	215.0
	特枯年	528.2	766.4	813.8	336.6	572.9	455.6	384.8	445.1	413.2	225.5	267.6	311.5	460.1	145.1

续表 5-12

河段	水平年	平水期				丰水期					枯水期			年均流量	水量/10^8 m^3
		3月	4月	5月	10月	6月	7月	8月	9月	11月	12月	1月	2月		
富春江B	特丰年	1459.2	1977.1	2521.0	648.4	3703.4	2266.3	889.8	858.3	694.4	600.1	880.2	922.8	1449.4	457.1
	丰水年	1267.7	1524.6	2064.0	601.0	2738.0	1782.7	864.1	779.9	660.6	489.3	601.4	809.6	1181.1	372.5
	平水年	1026.7	1164.5	1367.1	534.1	1789.9	1389.5	702.1	747.5	650.5	438.0	516.2	789.8	928.5	292.8
	枯水年	1000.3	1089.1	1137.7	514.2	1256.5	933.0	636.6	504.8	561.5	367.4	439.1	653.8	758.8	239.3
	特枯年	587.9	853.1	905.8	374.6	637.7	507.1	428.3	495.4	459.9	251.0	297.8	346.7	512.1	161.5
浦阳江	特丰年	114.6	155.3	198.0	50.9	290.9	178.0	69.9	67.4	54.6	47.1	69.1	72.5	113.9	35.9
	丰水年	99.6	119.8	162.1	47.2	215.1	140.0	67.9	61.3	51.9	38.4	47.2	63.6	92.8	29.3
	平水年	80.7	91.5	107.4	42.0	140.6	109.2	55.2	58.7	51.1	34.4	40.6	62.0	72.9	23.0
	枯水年	78.6	85.6	89.4	40.4	98.7	73.3	50.0	39.7	44.1	28.9	34.5	51.4	59.6	18.8
	特枯年	46.2	67.0	71.2	29.4	50.1	39.8	33.7	38.9	36.1	19.7	23.4	27.2	40.2	12.7
钱塘江	特丰年	1681.1	2277.8	2904.4	747.0	4266.7	2611.0	1025.8	988.8	800.0	691.4	1014.0	1063.1	1669.9	526.6
	丰水年	1460.5	1756.5	2377.9	692.4	3154.4	2053.9	995.5	898.5	761.0	563.8	692.9	932.7	1360.7	429.1
	平水年	1182.9	1341.7	1575.0	615.3	2062.2	1600.9	808.9	861.2	749.4	504.6	594.7	910.0	1069.7	337.3
	枯水年	1152.5	1254.7	1310.7	592.5	1447.7	1074.9	733.4	581.6	646.9	423.3	505.8	753.3	874.2	275.7
	特枯年	677.3	982.8	1043.6	431.6	734.7	584.2	493.5	570.7	529.8	289.2	343.1	399.4	590.0	186.1

5.4 不同水文情景氨氮、总磷通量模拟与分析

根据第3章"3.2 河流污染物通量模型",基于GB 3838—2002《地表水环境质量标准》(见表5-1)、行政区河段水文数据(见表5-9)、研究区各河段断面径流推算结果(见表5-12)以及野外测量的汇总数据,对研究区域的水环境主要污染物(NH_3-N 和 TP)的允许通量(tolerance flux,用 ΔT 表示)进行了计算。

NH_3-N 通量计算结果和 TP 通量计算结果分别见置于本章末的表5-13和表5-14,此两表为通量决策系统 Access 数据库的重要数据。其中,单位 t/m 是吨每月,t/p 是吨每水文时期(丰、平、枯3个时期),t/a 是吨每年。

5.4.1 氨氮通量达标预测与分析

(1) NH_3-N 允许通量 ΔT 的趋势特点

根据 NH_3-N 通量计算结果(见置于本章末的表5-13)和不同水平年 NH_3-N 通量趋势图(见图5-6),有如下发现:

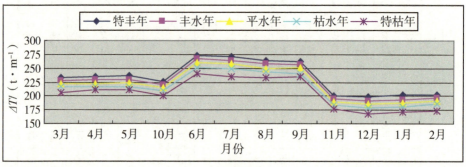

(a) 建德市

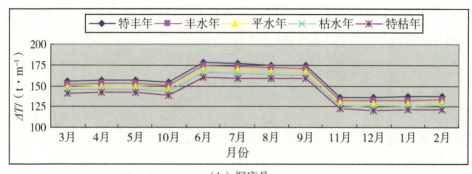

(b) 桐庐县

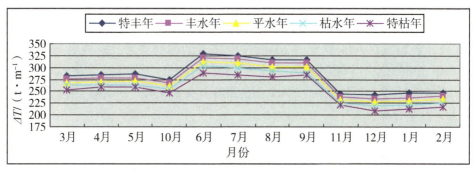

（c）原富阳市

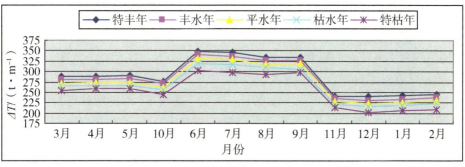

（d）杭州市

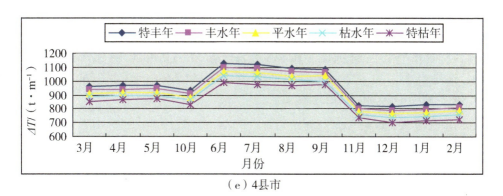

（e）4县市

图 5-6　不同水平年 NH_3-N 通量趋势

1）各行政区和 4 县市的 ΔT 值按水平年的趋势为：按特枯年→枯水年→平水年→丰水年→特丰年呈依次增高的趋势，增加的幅度特点是，依次增加 2%～4%，5 种情景年的差值为 10%～15%。

2）各行政区和 4 县市的 ΔT 值按水文时期的趋势为：按枯水期→平水期→丰水期呈依次增高的趋势，增加的幅度较为明显。其中，以枯水期 12 月的 ΔT 值为最低，丰水期 6 月的 ΔT 值为最高；各水文时期内（4 个月），ΔT 值的差异并不显著。

(2) NH_3-N 允许通量 ΔT 的水平年比例特征

根据水平年 - 水文时期 NH_3-N 通量分析详表（见置于本章末的表 5-15）、水平年 - 水文时期 NH_3-N 通量分析汇总表（见表 5-16）和各行政区时间 - 空间 NH_3-N 通量比重图（见图 5-7），分析 NH_3-N 允许通量 ΔT 在各行政区的比重，有如下发现：

1）建德市各水平年（特丰年、丰水年、平水年、枯水年和特枯年 5 种）不同河段 NH_3-N 允许通量 ΔT 占本行政区的比例为：Ja 河段 3.8%～4.0%，Jb 河段 11.1%～11.2%，Jc 河段 56.0%～56.6%，Jd 河段 28.5%～28.8%。

2）桐庐县各水平年不同河段 NH_3-N 允许通量 ΔT 占本行政区的比例为：Ta 河段 25.4%～25.5%，Tb 河段 59.1%～59.3%，Tc 河段 15.2%～15.5%。

3）原富阳市各水平年不同河段 NH_3-N 允许通量 ΔT 占本行政区的比例为：Fa 河段 49.0%～49.5%，Fb 河段 35.9%～36.2%，Fc 河段 14.6%～14.8%。

4）杭州市各水平年不同河段 NH_3-N 允许通量 ΔT 占本行政区的比例为：Ha 河段 56.9%～57.9%，Hb 河段 5.7%，Hc 河段 36.4%～37.4%。

5）各水平年不同行政区 NH_3-N 允许通量 ΔT 占研究区（4 县市）的比例为：建德市 24.1%～24.3%，桐庐县 16.3%～16.6%，原富阳市 29.4%～29.5%，杭州市 29.8%～30.1%。

表 5-16 水平年-水文时期 NH_3-N 通量分析汇总

行政区	水平年	$\Delta T/(t \cdot p^{-1})$			年 $\Delta T/$ $(t \cdot a^{-1})$	占年度百分比/%			占4县市百分比/%			
		平水期	丰水期	枯水期		平水期	丰水期	枯水期	平水期	丰水期	枯水期	全年平均
建德市	特丰年	930.89	1069.72	802.55	2803.16	33.2	38.2	28.6	24.3	24.2	24.4	24.3
	丰水年	907.74	1045.70	777.16	2730.60	33.2	38.3	28.5	24.3	24.2	24.3	24.3
	平水年	881.87	1018.71	755.81	2656.39	33.2	38.3	28.5	24.3	24.3	24.3	24.3
	枯水年	860.70	985.34	730.74	2576.78	33.4	38.2	28.4	24.3	24.1	24.3	24.2
	特枯年	828.36	942.84	692.02	2463.22	33.6	38.3	28.1	24.2	24.1	24.1	24.1
桐庐县	特丰年	622.56	705.38	545.83	1873.77	33.2	37.6	29.1	16.3	15.9	16.6	16.2
	丰水年	608.36	690.86	530.99	1830.21	33.2	37.7	29.0	16.3	16.0	16.6	16.3
	平水年	593.38	675.50	517.33	1786.21	33.2	37.8	29.0	16.4	16.0	16.7	16.3
	枯水年	579.75	658.31	502.57	1740.62	33.3	37.8	28.9	16.4	16.1	16.7	16.4
	特枯年	564.87	638.48	486.30	1689.65	33.4	37.8	28.8	16.5	16.3	16.9	16.6
原富阳市	特丰年	1129.13	1286.63	978.43	3394.18	33.3	37.9	28.8	29.5	29.1	29.7	29.4
	丰水年	1101.22	1257.95	947.79	3306.95	33.3	38.0	28.7	29.5	29.1	29.7	29.4
	平水年	1070.14	1225.88	921.88	3217.90	33.3	38.1	28.6	29.5	29.1	29.7	29.4
	枯水年	1044.54	1186.54	891.63	3122.70	33.4	38.0	28.6	29.5	29.1	29.7	29.4
	特枯年	1017.92	1136.84	859.68	3014.44	33.8	37.7	28.5	29.7	29.1	30.0	29.5
杭州市	特丰年	1144.58	1361.86	966.94	3473.38	33.0	39.2	27.8	29.9	30.8	29.4	30.1
	丰水年	1115.75	1330.77	935.85	3382.37	33.0	39.3	27.7	29.9	30.8	29.3	30.1
	平水年	1083.30	1295.46	909.96	3288.73	32.9	39.4	27.7	29.9	30.7	29.3	30.0
	枯水年	1057.13	1251.18	879.31	3187.62	33.2	39.3	27.6	29.8	30.7	29.3	30.0
	特枯年	1016.17	1194.11	831.32	3041.59	33.4	39.3	27.3	29.6	30.5	29.0	29.8
4县市	特丰年	3827.16	4423.58	3293.75	11544.49	33.2	38.3	28.5	—	—	—	—
	丰水年	3733.07	4325.27	3191.79	11250.14	33.2	38.4	28.4	—	—	—	—
	平水年	3628.69	4215.55	3104.99	10949.23	33.1	38.5	28.4	—	—	—	—
	枯水年	3542.12	4081.37	3004.24	10627.72	33.3	38.4	28.3	—	—	—	—
	特枯年	3427.32	3912.27	2869.32	10208.91	33.6	38.3	28.1	—	—	—	—

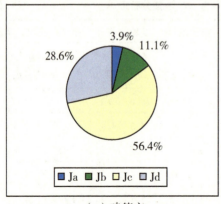
（a）建德市

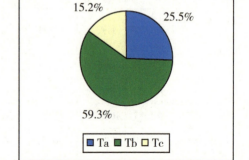
（b）桐庐县

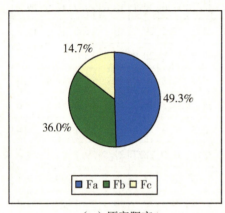
（c）原富阳市

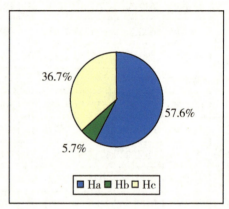
（d）杭州市

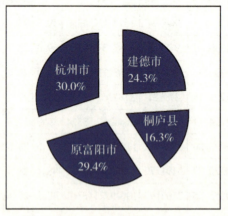
（e）4县市

图 5-7　各行政区时间-空间 NH_3-N 通量比重

(3) NH_3-N 允许通量 ΔT 的水文时期比例特征

根据水平年-水文时期 NH_3-N 通量分析汇总表（见表 5-16）和水平年-水文时期 NH_3-N 通量特征图（见图 5-8），分析 NH_3-N 允许通量 ΔT 在各水文时期的特征，有如下发现：

1）建德市年度内各水文时期 NH_3-N 允许通量 ΔT 占本行政区及研究区（4 县市）的比例为：平水期 33.2%～33.6% 和 24.2%～24.3%，丰水期 38.2%～38.3% 和 24.1%～24.2%，枯水期 28.1%～28.6% 和 24.1%～24.6%。

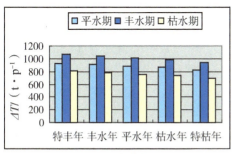

（a）建德市

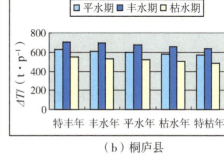

（b）桐庐县

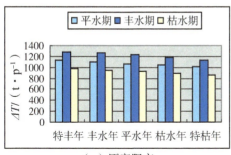

（c）原富阳市

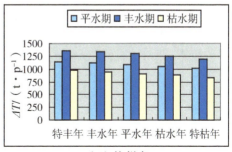

（d）杭州市

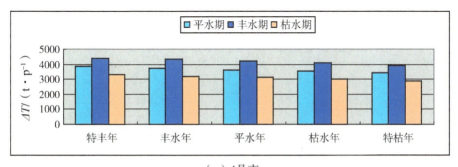

（e）4 县市

图 5-8 水平年-水文时期 NH_3-N 通量特征

2）桐庐县年度内各水文时期 NH_3-N 允许通量 ΔT 占本行政区及研究区（4县市）的比例为：平水期33.2%～33.4%和16.3%～16.5%，丰水期37.6%～37.8%和15.9%～16.3%，枯水期28.8%～29.1%和16.6%～16.9%。

3）原富阳市年度内各水文时期 NH_3-N 允许通量 ΔT 占本行政区及研究区（4县市）的比例为：平水期33.3%～33.8%和29.5%～29.7%，丰水期37.7%～38.1%和29.1%，枯水期28.5%～28.8%和29.7%～30.0%。

4）杭州市年度内各水文时期 NH_3-N 允许通量 ΔT 占本行政区及研究区（4县市）的比例为：平水期33.0%～33.4%和29.6%～29.9%，丰水期39.2%～39.4%和30.5%～30.8%，枯水期27.3%～27.8%和29.0%～29.4%。

5）研究区（4县市）各水文时期 NH_3-N 允许通量 ΔT 占年度的比例为：平水期33.1%～33.6%，丰水期38.3%～38.5%，枯水期28.1%～28.5%。

5.4.2 总磷通量达标预测与分析

(1) TP 允许通量 ΔT 的趋势特点

根据 TP 通量计算结果（见置于本章末的表5-14）和不同水平年 TP 通量趋势图（见图5-9），有如下发现：

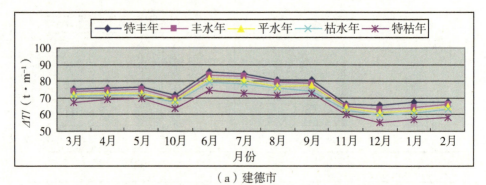

（a）建德市

（b）桐庐县

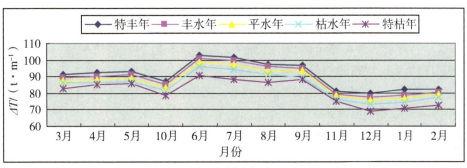

（c）原富阳市

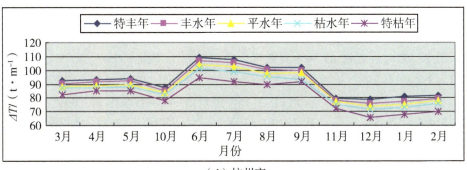

（d）杭州市

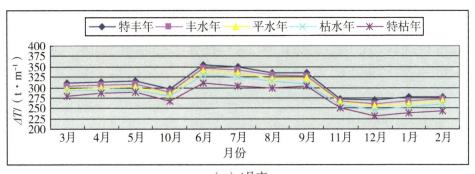

（e）4县市

图 5-9　不同水平年 TP 通量趋势

1）各行政区和4县市的 ΔT 值按水平年的趋势为：按特枯年→枯水年→平水年→丰水年→特丰年呈依次增高的趋势，增加的幅度特点是，依次增加 2%～5%，5 种情景年的差值为 10%～15%。

2）各行政区和4县市的 ΔT 值按水文时期的趋势为：按枯水期→平水期→丰水期呈依次增高的趋势，增加的幅度较为明显。其中，以枯水期 12 月的 ΔT 值为最低，丰水期 6 月的 ΔT 值为最高；各水文时期内（4 个月），ΔT 值略有差异，差别不是很大。

（2）TP 允许通量 ΔT 的水平年比例特征

根据水平年－水文时期 TP 通量分析详表（见置于本章末的表 5-17）、水平年－水文时期 TP 通量分析汇总表（见表 5-18）和各行政区时间－空间 TP 通量比重图（见图 5-10），分析 TP 允许通量 ΔT 在各行政区的比重，有如下发现：

1）建德市各水平年（特丰年、丰水年、平水年、枯水年和特枯年 5 种）不同河段 TP 允许通量 ΔT 占本行政区的比例为：Ja 河段 3.9%～4.1%，Jb 河段 11.2%～11.4%，Jc 河段 55.3%～56.1%，Jd 河段 28.7%～29.2%。

2）桐庐县各水平年不同河段 TP 允许通量 ΔT 占本行政区的比例为：Ta 河段 25.4%～25.5%，Tb 河段 58.9%～59.3%，Tc 河段 15.2%～15.7%。

3）原富阳市各水平年不同河段 TP 允许通量 ΔT 占本行政区的比例为：Fa 河段 47.8%～49.0%，Fb 河段 36.2%～37.0%，Fc 河段 14.8%～15.2%。

4）杭州市各水平年不同河段 TP 允许通量 ΔT 占本行政区的比例为：Ha 河段 55.8%～57.4%，Hb 河段 5.7%，Hc 河段 36.9%～38.5%。

5）各水平年不同行政区 TP 允许通量 ΔT 占研究区（4 县市）的比例为：建德市 24.0%～24.2%，桐庐县 16.4%～17.0%，富阳市 29.4%～29.5%，杭州市 29.5%～30.0%。

表 5-18 水平年-水文时期 TP 通量分析汇总

行政区	水平年	$\Delta T/$ (t·p^{-1})			年 $\Delta T/$ (t·a^{-1})	占年度百分比/%			占4县市百分比/%			
		平水期	丰水期	枯水期		平水期	丰水期	枯水期	平水期	丰水期	枯水期	全年平均
建德市	特丰年	299.41	331.22	266.70	897.32	33.4	36.9	29.7	24.3	24.1	24.3	24.2
	丰水年	293.62	325.37	259.22	878.21	33.4	37.0	29.5	24.3	24.1	24.3	24.2
	平水年	286.33	318.00	253.96	858.29	33.4	37.1	29.6	24.3	24.1	24.3	24.2
	枯水年	281.48	307.42	246.46	835.37	33.7	36.8	29.5	24.2	24.1	24.2	24.2
	特枯年	270.54	292.14	230.91	793.59	34.1	36.8	29.1	24.1	24.0	24.0	24.0
桐庐县	特丰年	202.36	220.72	184.64	607.72	33.3	36.3	30.4	16.4	16.1	16.8	16.4
	丰水年	199.19	217.52	180.93	597.63	33.3	36.4	30.3	16.5	16.1	16.9	16.5
	平水年	195.56	213.88	177.89	587.33	33.3	36.4	30.3	16.6	16.2	17.0	16.6
	枯水年	192.66	209.28	174.15	576.09	33.4	36.3	30.2	16.6	16.4	17.1	16.7
	特枯年	188.58	203.27	168.73	560.58	33.6	36.3	30.1	16.8	16.7	17.5	17.0
原富阳市	特丰年	363.47	398.77	325.59	1087.83	33.4	36.7	29.9	29.5	29.1	29.7	29.4
	丰水年	356.56	391.84	316.68	1065.08	33.5	36.8	29.7	29.5	29.1	29.7	29.4
	平水年	347.89	383.19	310.36	1041.43	33.4	36.8	29.8	29.5	29.1	29.6	29.4
	枯水年	342.06	370.89	301.44	1014.40	33.7	36.6	29.7	29.5	29.1	29.6	29.4
	特枯年	332.82	353.29	287.34	973.45	34.2	36.3	29.5	29.6	29.0	29.8	29.5
杭州市	特丰年	367.58	420.82	320.69	1109.09	33.1	37.9	28.9	29.8	30.7	29.2	30.0
	丰水年	360.29	413.12	311.44	1084.85	33.2	38.1	28.7	29.8	30.7	29.2	29.9
	平水年	351.00	403.30	305.02	1059.32	33.1	38.1	28.8	29.7	30.6	29.1	29.9
	枯水年	344.96	389.01	295.77	1029.74	33.5	37.8	28.7	29.7	30.5	29.1	29.8
	特枯年	330.93	368.23	276.47	975.64	33.9	37.7	28.3	29.5	30.3	28.7	29.5
4县市	特丰年	1232.82	1371.53	1097.61	3701.96	33.3	37.0	29.6	—	—	—	—
	丰水年	1209.66	1347.85	1068.26	3625.77	33.4	37.2	29.5	—	—	—	—
	平水年	1180.77	1318.37	1047.23	3546.37	33.3	37.2	29.5	—	—	—	—
	枯水年	1161.16	1276.60	1017.83	3455.59	33.6	36.9	29.5	—	—	—	—
	特枯年	1122.87	1216.94	963.46	3303.26	34.0	36.8	29.2	—	—	—	—

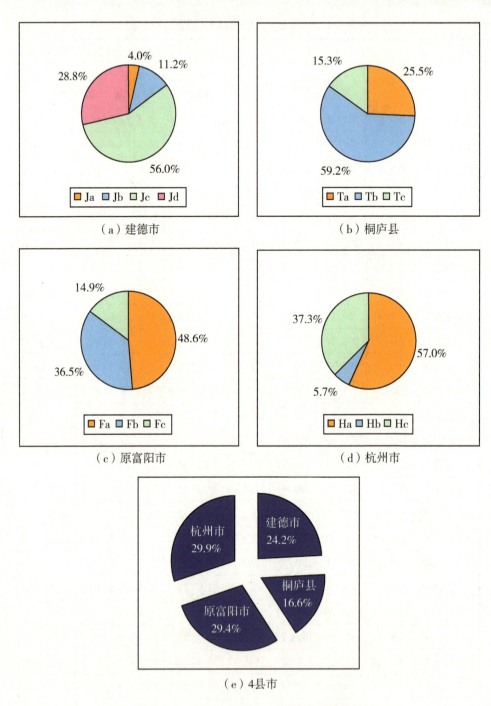

图 5-10 各行政区时间-空间 TP 通量比重

(3) TP 允许通量 ΔT 的水文时期比例特征

根据水平年－水文时期 TP 通量分析汇总表（见表 5-18）和水平年－水文时期 TP 通量特征图（见图 5-11），分析 TP 允许通量 ΔT 在各水文时期的特征，有如下发现：

1）建德市年度内各水文时期 TP 允许通量 ΔT 占本行政区及研究区（4 县市）的比例为：平水期 33.4%～34.1% 和 24.1%～24.3%，丰水期 36.8%～37.1% 和 24.0%～24.1%，枯水期 29.1%～29.7% 和 24.0%～24.3%。

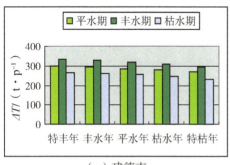

（a）建德市　　　　　　　　　（b）桐庐县

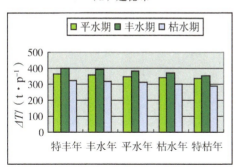
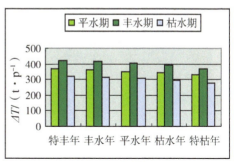

（c）原富阳市　　　　　　　　（d）杭州市

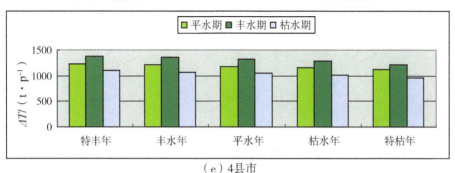

（e）4 县市

图 5-11　水平年－水文时期 TP 通量特征

2）桐庐县年度内各水文时期 TP 允许通量 ΔT 占本行政区及研究区（4县市）的比例为：平水期 33.3%～33.6% 和 16.4%～16.8%，丰水期 36.3%～36.4% 和 16.1%～16.7%，枯水期 30.1%～30.4% 和 16.8%～17.5%。

3）原富阳市年度内各水文时期 TP 允许通量 ΔT 占本行政区及研究区(4县市) 的比例为：平水期 33.4%～34.2% 和 29.5%～29.6%，丰水期 36.3%～36.8% 和 29.0%～29.1%，枯水期 29.5%～29.9% 和 29.6%～29.8%。

4）杭州市年度内各水文时期 TP 允许通量 ΔT 占本行政区及研究区（4县市）的比例为：平水期 33.1%～33.9% 和 29.5%～29.8%，丰水期 37.7%～38.1% 和 30.3%～30.7%，枯水期 28.3%～28.9% 和 28.7%～29.2%。

5）研究区（4县市）各水文时期 TP 允许通量 ΔT 占年度的比例为：平水期 33.3%～34.0%，丰水期 36.8%～37.2%，枯水期 29.2%～29.6%。

※ 第 5 章部分表格

表 5-10 闸家堰断面径流过程汇总（1961—2000 年）

单位：m³/s 水量/10⁸ m³

年份	1	2	3	4	5	6	7	8	9	10	11	12	年均流量	水量
1961	543.3	1512.8	1861.5	1275.6	1841.6	2193.2	623.7	592.1	813.5	848.4	565.2	360.7	1081.1	340.9
1962	422.1	400.5	744.2	1474.5	1922.2	2422.3	1339.3	1066.5	1347.4	905.3	701.7	430.5	1099.5	346.7
1963	356.7	319.1	366.8	726.4	1963.7	1172.0	754.7	588.9	1027.8	499.1	681.0	466.7	745.3	235.0
1964	861.5	977.8	1067.7	1155.7	1506.9	1826.0	772.4	485.3	492.0	719.8	615.7	348.1	900.7	284.8
1965	363.2	651.4	864.4	1658.7	1319.1	1579.8	775.7	692.5	463.8	707.7	883.3	1027.3	915.2	288.6
1966	930.9	1043.5	1555.1	2287.7	1048.1	986.9	2024.4	629.4	476.0	422.6	561.7	402.0	1030.1	324.8
1967	394.4	670.3	1075.4	1677.5	3142.7	2385.5	776.0	363.4	348.7	373.7	509.4	306.2	1002.2	316.0
1968	315.2	375.6	580.9	893.2	1628.6	1312.1	1890.3	480.6	275.2	318.7	455.0	441.1	749.4	237.0
1969	835.8	1256.0	1342.8	1140.8	1897.7	1812.9	2641.8	783.1	647.5	456.2	550.3	334.2	1141.8	360.1
1970	413.1	582.6	1622.0	1300.2	1936.8	2733.9	1573.2	567.7	621.2	540.5	760.5	689.7	1113.5	351.1
1971	544.6	561.9	676.7	1016.8	1312.6	2881.9	695.7	421.5	684.5	697.8	508.7	311.9	857.5	270.4
1972	401.5	1299.1	825.4	714.6	1041.4	989.9	605.2	1425.5	657.4	1077.5	1107.2	658.6	898.5	284.1

续表 5-10

年份	月份												年均流量	水量/$10^8 m^3$
	1	2	3	4	5	6	7	8	9	10	11	12		
1973	902.3	1453.8	2245.7	2402.6	4911.7	4536.3	1406.7	557.3	1437.0	696.9	643.3	392.2	1796.7	566.6
1974	485.8	869.8	860.1	748.0	1194.8	1121.4	1651.4	1140.8	507.9	539.3	830.3	823.3	899.0	283.5
1975	739.0	1324.1	1446.9	2329.7	2704.6	2056.7	1369.3	1275.8	810.1	1369.6	1277.8	1233.1	1494.8	471.4
1976	847.8	915.0	1532.1	1594.9	1808.7	2661.9	1687.0	599.4	545.8	495.8	607.4	415.1	1141.5	361.0
1977	705.9	774.0	688.0	1841.3	3137.9	4203.5	1232.4	603.9	1209.0	589.3	583.5	425.2	1330.6	419.6
1978	645.1	994.4	1087.6	1217.3	1064.7	966.3	526.3	403.1	414.7	413.5	502.9	306.3	708.8	223.5
1979	343.1	399.4	677.3	982.8	1043.6	734.7	584.2	493.5	570.7	431.6	529.8	289.2	590.3	186.2
1980	157.8	378.3	1516.1	1408.6	1560.8	1257.0	903.3	1666.3	783.3	561.0	613.3	387.2	934.9	295.6
1981	422.6	690.8	1566.2	1640.4	869.3	586.0	883.5	726.6	788.9	1092.6	1762.5	630.5	971.5	306.4
1982	496.4	1078.4	1693.9	1052.8	796.5	1402.8	873.5	728.5	514.3	474.8	802.3	635.7	876.8	276.5
1983	596.3	688.9	1056.3	2145.2	2653.1	4470.8	3955.1	898.6	895.0	1252.1	865.1	563.7	1673.4	527.7
1984	748.9	1238.4	1541.0	1756.0	1328.2	2036.0	1194.2	637.7	763.6	513.0	595.7	404.5	1059.7	335.1
1985	575.5	1045.6	1946.2	889.7	924.3	1031.3	785.0	689.8	749.0	520.5	770.4	487.1	866.5	273.3
1986	435.6	524.7	825.8	1634.4	1239.8	1099.3	816.6	519.9	643.2	595.1	681.9	390.8	783.5	247.1
1987	402.1	470.0	1526.6	1709.4	1530.4	1933.1	1641.2	779.9	893.5	653.0	1110.8	680.7	1112.9	351.0

续表 5-10

年份	月份												年均流量	水量/$10^8 m^3$
	1	2	3	4	5	6	7	8	9	10	11	12		
1988	698.1	1185.1	2089.3	1190.0	1670.2	2568.7	730.7	665.0	690.5	467.7	580.8	368.3	1072.8	339.2
1989	553.5	677.0	1014.4	1453.6	2423.8	2614.6	3310.8	1185.9	1655.4	721.7	726.1	545.1	1410.6	444.8
1990	804.8	1379.1	1346.4	1298.5	1345.5	1667.2	1008.0	587.0	1275.8	702.6	1151.8	605.7	1092.6	344.6
1991	819.4	1030.6	1564.0	2263.3	2416.0	1860.0	1417.2	600.2	579.0	455.6	561.1	370.4	1160.8	366.1
1992	452.8	639.1	1831.8	1109.5	1261.8	1827.5	2470.2	865.4	1225.7	596.5	603.7	439.9	1112.0	351.6
1993	618.2	676.9	1191.8	1072.0	2035.3	3280.8	3859.8	1567.3	619.3	638.2	858.3	671.0	1429.8	450.9
1994	721.5	1113.8	1192.1	1579.0	1549.9	4910.9	1133.6	739.9	518.0	380.2	559.4	903.7	1269.7	400.4
1995	889.3	678.9	1247.2	2763.2	2963.3	5115.8	2460.0	757.2	515.8	548.5	552.0	427.9	1576.7	497.2
1996	557.5	508.3	1695.4	1472.6	819.3	1719.3	2747.3	810.7	558.0	448.4	517.6	348.5	1019.1	322.3
1997	373.1	431.1	627.3	909.0	781.7	827.2	2700.1	1753.7	648.7	589.6	1572.2	1472.2	1063.0	335.2
1998	2269.1	1953.9	2392.2	2220.5	1984.0	3475.8	1978.1	919.3	600.8	522.3	449.0	238.8	1579.5	498.1
1999	413.2	540.0	1464.1	1857.6	2010.1	3734.7	3254.9	1993.3	1495.5	715.3	724.9	493.7	1562.1	492.6
2000	654.8	816.8	1388.5	1135.4	849.8	2292.7	791.3	695.3	501.8	609.8	936.4	606.5	937.6	296.5
平均	617.8	853.2	1295.9	1475.0	1736.0	2207.2	1546.1	823.9	756.6	629.0	746.8	533.3	1101.7	347.6

表 5-13 NH$_3$-N 通量计算结果详情

行政区	河段	目标水质	水平年	平水期 ΔT/(t·m⁻¹)				丰水期 ΔT/(t·m⁻¹)				枯水期 ΔT/(t·m⁻¹)				年 ΔT/(t·a⁻¹)
				3月	4月	5月	10月	6月	7月	8月	9月	11月	12月	1月	2月	
建德市	Ja	Ⅲ	特丰年	8.68	8.69	8.69	8.64	11.08	11.07	11.02	11.02	7.15	7.14	7.16	7.16	107.51
			丰水年	8.49	8.50	8.50	8.46	10.86	10.85	10.81	10.80	6.98	6.96	6.97	6.99	105.17
			平水年	8.30	8.30	8.31	8.27	10.64	10.63	10.58	10.59	6.81	6.79	6.80	6.81	102.83
			枯水年	8.12	8.12	8.12	8.08	10.41	10.40	10.37	10.34	6.63	6.61	6.62	6.64	100.46
			特枯年	7.91	7.93	7.93	7.88	10.16	10.13	10.11	10.13	6.45	6.41	6.43	6.44	97.91
	Jb	Ⅱ	特丰年	25.79	25.92	26.00	25.18	30.48	30.30	29.63	29.59	22.04	21.92	22.20	22.23	311.27
			丰水年	25.18	25.27	25.39	24.58	29.80	29.61	29.05	28.94	21.49	21.22	21.42	21.63	303.60
			平水年	24.52	24.60	24.68	23.94	29.05	28.90	28.26	28.34	20.97	20.62	20.78	21.11	295.77
			枯水年	23.97	24.03	24.05	23.39	28.27	28.03	27.60	27.25	20.36	19.93	20.13	20.47	287.47
			特枯年	23.03	23.34	23.38	22.46	27.06	26.74	26.45	26.70	19.68	18.92	19.18	19.38	276.33
	Jc	Ⅲ	特丰年	132.46	133.58	134.27	127.26	154.79	153.36	147.83	147.50	113.04	112.00	114.45	114.70	1585.24
			丰水年	129.11	129.90	130.93	124.06	151.09	149.52	144.90	143.95	110.18	107.89	109.53	111.41	1542.47
			平水年	125.36	126.01	126.73	120.44	146.69	145.47	140.29	140.91	107.55	104.49	105.90	108.69	1498.54
			枯水年	122.55	122.99	123.20	117.61	142.12	140.15	136.68	133.91	104.05	100.44	102.12	105.05	1450.89
			特枯年	116.35	119.00	119.35	111.70	134.12	131.50	129.20	131.20	100.10	93.75	95.88	97.54	1379.71

续表 5-13

行政区	河段	目标水质	水平年	平水期 ΔT/(t·m⁻¹)				丰水期 ΔT/(t·m⁻¹)				枯水期 ΔT/(t·m⁻¹)				年 ΔT/(t·a⁻¹)
				3月	4月	5月	10月	6月	7月	8月	9月	11月	12月	1月	2月	
建德市	Jd	Ⅱ	特丰年	66.61	66.95	67.16	65.01	76.69	76.26	74.60	74.50	57.68	57.36	58.12	58.20	799.14
			丰水年	65.03	65.27	65.59	63.47	75.00	74.53	73.13	72.85	56.26	55.54	56.05	56.64	779.37
			平水年	63.33	63.53	63.75	61.80	73.10	72.74	71.16	71.35	54.90	53.94	54.39	55.26	759.25
			枯水年	61.92	62.05	62.11	60.38	71.15	70.55	69.49	68.63	53.28	52.14	52.67	53.59	737.96
			特枯年	59.45	60.27	60.38	57.99	68.14	67.33	66.62	67.24	51.51	49.47	50.16	50.70	709.27
	合计	Ⅱ~Ⅲ	特丰年	233.54	235.14	236.12	226.09	273.03	270.99	263.08	262.61	199.91	198.42	201.94	202.29	2803.16
			丰水年	227.81	228.95	230.42	220.57	266.75	264.52	257.89	256.54	194.91	191.61	193.97	196.67	2730.60
			平水年	221.51	222.44	223.47	214.45	259.48	257.74	250.30	251.20	190.24	185.84	187.86	191.88	2656.39
			枯水年	216.56	217.19	217.49	209.47	251.95	249.12	244.13	240.14	184.32	179.12	181.55	185.75	2576.78
			特枯年	206.74	210.54	211.04	200.03	239.49	235.70	232.38	235.27	177.75	168.56	171.66	174.06	2463.22
桐庐县	Ta	Ⅱ	特丰年	39.77	39.89	39.97	39.20	45.44	45.29	44.70	44.66	34.73	34.62	34.89	34.92	478.09
			丰水年	38.87	38.95	39.07	38.31	44.49	44.32	43.83	43.73	33.89	33.63	33.82	34.03	466.93
			平水年	37.92	37.99	38.07	37.37	43.47	43.34	42.78	42.85	33.07	32.72	32.88	33.20	455.65
			枯水年	37.08	37.12	37.15	36.53	42.42	42.21	41.83	41.53	32.15	31.74	31.93	32.26	443.95
			特枯年	35.86	36.15	36.19	35.33	41.01	40.72	40.46	40.68	31.18	30.44	30.69	30.89	429.57

续表 5-13

行政区	河段	目标水质	水平年	平水期 ΔT/（t·m^{-1}）				丰水期 ΔT/（t·m^{-1}）				枯水期 ΔT/（t·m^{-1}）				年 ΔT/（t·a^{-1}）
				3月	4月	5月	10月	6月	7月	8月	9月	11月	12月	1月	2月	
桐庐县	Tb	Ⅲ	特丰年	92.49	92.78	92.96	91.10	105.61	105.25	103.82	103.73	80.77	80.48	81.15	81.22	1111.35
			丰水年	90.38	90.59	90.86	89.02	103.40	103.00	101.80	101.55	78.80	78.17	78.62	79.13	1085.30
			平水年	88.16	88.34	88.53	86.84	101.01	100.69	99.34	99.50	76.89	76.05	76.44	77.20	1058.98
			枯水年	86.20	86.32	86.37	84.87	98.56	98.05	97.13	96.39	74.75	73.74	74.22	75.02	1031.62
			特枯年	83.32	84.04	84.13	82.04	95.21	94.51	93.88	94.43	72.48	70.67	71.29	71.76	997.76
	Tc	Ⅱ	特丰年	23.62	23.66	23.68	23.44	26.85	26.80	26.62	26.61	20.75	20.71	20.80	20.80	284.34
			丰水年	23.10	23.13	23.16	22.92	26.31	26.26	26.10	26.07	20.25	20.16	20.22	20.29	277.98
			平水年	22.57	22.59	22.61	22.39	25.75	25.71	25.53	25.55	19.75	19.64	19.69	19.79	271.58
			枯水年	22.06	22.08	22.09	21.89	25.18	25.11	24.99	24.89	19.23	19.10	19.16	19.27	265.05
			特枯年	21.95	22.05	22.06	21.77	24.49	24.40	24.31	24.39	19.36	19.10	19.19	19.26	262.32
	合计	Ⅱ~Ⅲ	特丰年	155.88	156.33	156.61	153.74	177.90	177.34	175.13	175.00	136.25	135.81	136.84	136.94	1873.77
			丰水年	152.35	152.67	153.08	150.26	174.20	173.58	171.73	171.35	132.93	131.96	132.66	133.45	1830.21
			平水年	148.65	148.92	149.21	146.60	170.22	169.74	167.64	167.90	129.71	128.41	129.01	130.19	1786.21
			枯水年	145.34	145.52	145.61	143.28	166.16	165.37	163.96	162.81	126.13	124.58	125.31	126.55	1740.62
			特枯年	141.13	142.23	142.38	139.13	160.71	159.62	158.65	159.50	123.02	120.21	121.17	121.90	1689.65

续表 5-13

行政区	河段	目标水质	水平年	平水期 ΔT/ (t·m^{-1})			丰水期 ΔT/ (t·m^{-1})				枯水期 ΔT/ (t·m^{-1})				年 ΔT/ (t·a^{-1})
				3月	4月	5月	10月	6月	7月	8月	9月	11月	12月	1月	2月	
原富阳市	Fa	Ⅱ	特丰年	141.07	142.47	143.33	134.64	163.57	161.82	155.11	154.71	120.50	119.20	122.27	122.58	1681.28
			丰水年	137.42	138.40	139.68	131.17	159.54	157.63	152.02	150.88	117.42	114.56	116.60	118.96	1634.27
			平水年	133.25	134.06	134.96	127.18	154.67	153.18	146.90	147.66	114.63	110.82	112.56	116.06	1585.94
			枯水年	130.27	130.81	131.08	124.17	149.58	147.19	142.99	139.67	110.75	106.27	108.35	112.00	1533.13
			特枯年	126.05	129.49	129.94	120.07	140.36	137.20	134.45	136.84	110.16	101.74	104.55	106.74	1477.59
	Fb	Ⅲ	特丰年	101.19	101.54	101.76	99.53	116.51	116.07	114.33	114.23	87.93	87.60	88.39	88.47	1217.56
			丰水年	98.87	99.12	99.44	97.25	114.05	113.57	112.11	111.80	85.79	85.04	85.58	86.18	1188.79
			平水年	96.42	96.63	96.86	94.84	111.37	110.99	109.34	109.54	83.71	82.71	83.18	84.08	1159.67
			枯水年	94.27	94.41	94.48	92.68	108.63	108.01	106.89	105.99	81.36	80.17	80.73	81.68	1129.30
			特枯年	91.03	91.89	92.00	89.50	104.79	103.93	103.17	103.84	78.85	76.71	77.44	78.00	1091.16
	Fc	Ⅱ	特丰年	40.96	41.07	41.14	40.41	47.99	47.84	47.24	47.21	35.32	35.21	35.47	35.49	495.35
			丰水年	40.03	40.11	40.22	39.50	46.99	46.82	46.33	46.22	34.46	34.22	34.39	34.59	483.89
			平水年	39.06	39.13	39.21	38.54	45.92	45.79	45.23	45.29	33.63	33.30	33.45	33.74	472.29
			枯水年	38.19	38.24	38.26	37.67	44.82	44.61	44.23	43.92	32.70	32.32	32.50	32.81	460.27
			特枯年	36.97	37.25	37.28	36.46	43.35	43.06	42.80	43.03	31.73	31.03	31.27	31.45	445.69

续表 5-13

行政区	河段	目标水质	水平年	平水期 ΔT/（t·m⁻¹）				丰水期 ΔT/（t·m⁻¹）				枯水期 ΔT/（t·m⁻¹）				年 ΔT/（t·a⁻¹）
				3月	4月	5月	10月	6月	7月	8月	9月	11月	12月	1月	2月	
原富阳市	合计	II~III	特丰年	283.22	285.09	286.23	274.58	328.07	325.73	316.68	316.15	243.75	242.01	246.12	246.54	3394.18
			丰水年	276.32	277.64	279.35	267.92	320.57	318.02	310.45	308.90	237.66	233.82	236.57	239.73	3306.95
			平水年	268.74	269.82	271.02	260.56	311.95	309.96	301.47	302.49	231.97	226.84	229.19	233.88	3217.90
			枯水年	262.74	263.46	263.82	254.52	303.03	299.81	294.12	289.58	224.81	218.75	221.58	226.49	3122.70
			特枯年	254.05	258.62	259.22	246.03	288.50	284.20	280.43	283.71	220.74	209.48	213.26	216.20	3014.44
杭州市	Ha	II	特丰年	167.34	169.05	170.10	159.49	201.36	199.06	190.25	189.73	140.18	138.66	142.27	142.63	2010.12
			丰水年	162.98	164.18	165.75	155.35	196.32	193.82	186.45	184.95	136.60	133.24	135.64	138.41	1953.70
			平水年	158.00	158.99	160.08	150.59	190.18	188.23	180.00	180.99	133.35	128.88	130.93	135.03	1895.26
			枯水年	154.46	155.13	155.45	147.02	183.76	180.62	175.13	170.79	128.83	123.56	126.01	130.30	1831.06
			特枯年	145.80	149.80	150.32	138.85	171.92	167.80	164.22	167.34	123.65	114.45	117.52	119.92	1731.60
	Hb	III	特丰年	16.31	16.43	16.50	15.76	20.06	19.90	19.25	19.21	13.58	13.48	13.72	13.75	197.94
			丰水年	15.91	15.99	16.10	15.37	19.59	19.41	18.87	18.76	13.24	13.01	13.18	13.36	192.79
			平水年	15.46	15.53	15.61	14.94	19.04	18.90	18.29	18.36	12.92	12.62	12.76	13.04	187.47
			枯水年	15.12	15.16	15.19	14.59	18.47	18.24	17.83	17.50	12.52	12.16	12.33	13.04	181.72
			特枯年	14.41	14.69	14.73	13.92	17.49	17.18	16.91	17.15	12.07	11.43	11.65	11.81	173.45

续表 5-13

行政区	河段	目标水质	水平年	平水期 ΔT/（t·m^{-1}）				丰水期 ΔT/（t·m^{-1}）				枯水期 ΔT/（t·m^{-1}）				年 ΔT/（t·a^{-1}）
				3月	4月	5月	10月	6月	7月	8月	9月	11月	12月	1月	2月	
杭州市	Hc	Ⅲ	特丰年	103.57	103.89	104.08	102.05	127.03	126.57	124.78	124.67	87.03	86.75	87.42	87.48	1265.32
			丰水年	101.21	101.44	101.73	99.74	124.36	123.86	122.35	122.04	84.91	84.28	84.73	85.25	1235.89
			平水年	98.74	98.93	99.13	97.29	121.46	121.07	119.37	119.57	82.86	82.01	82.40	83.17	1206.00
			枯水年	96.54	96.67	96.73	95.09	118.50	117.86	116.71	115.78	80.56	79.55	80.03	80.84	1174.84
			特枯年	93.35	94.12	94.22	91.95	114.41	113.52	112.74	113.42	78.14	76.32	76.94	77.42	1136.55
	合计	Ⅱ~Ⅲ	特丰年	287.22	289.37	290.69	277.31	348.45	345.53	334.27	333.61	240.80	238.88	243.40	243.86	3473.38
			丰水年	280.10	281.61	283.58	270.46	340.27	337.08	327.67	325.75	234.75	230.53	233.55	237.02	3382.37
			平水年	272.20	273.44	274.82	262.83	330.68	328.20	317.66	318.92	229.13	223.50	226.09	231.24	3288.73
			枯水年	266.12	266.95	267.36	256.70	320.73	316.72	309.67	304.06	221.92	215.27	218.37	223.75	3187.62
			特枯年	253.56	258.61	259.28	244.72	303.82	298.51	293.87	297.90	213.86	202.19	206.11	209.15	3041.59
4县市	总计	Ⅱ~Ⅲ	特丰年	959.85	965.93	969.65	931.72	1127.45	1119.59	1089.17	1087.37	820.70	815.13	828.30	829.62	11544.49
			丰水年	936.58	940.86	946.43	909.20	1101.79	1093.21	1067.75	1062.54	800.25	787.92	796.75	806.87	11250.14
			平水年	911.10	914.62	918.52	884.45	1072.34	1065.63	1037.07	1040.51	781.05	764.59	772.16	787.19	10949.23
			枯水年	890.75	893.12	894.27	863.98	1041.87	1031.02	1011.88	996.59	757.19	737.71	746.80	762.54	10627.72
			特枯年	855.48	870.01	871.92	829.91	992.52	978.03	965.34	976.38	735.37	700.44	712.20	721.31	10208.91

表 5-14 TP 通量计算结果详情

行政区	河段	目标水质	水平年	平水期 ΔT/(t·m⁻¹)			丰水期 ΔT/(t·m⁻¹)						平水期 ΔT/(t·m⁻¹)	枯水期 ΔT/(t·m⁻¹)				年 ΔT/(t·a⁻¹)
				3月	4月	5月	6月	7月	8月	9月	10月	11月	12月	1月	2月	
建德市	Ja	Ⅲ	特丰年	2.84	2.84	2.84	3.49	3.49	3.46	3.46	2.82	2.44	2.44	2.45	2.45	35.02
			丰水年	2.80	2.80	2.81	3.45	3.44	3.42	3.42	2.78	2.41	2.40	2.40	2.41	34.53
			平水年	2.76	2.76	2.76	3.40	3.39	3.37	3.37	2.74	2.37	2.36	2.37	2.38	34.04
			枯水年	2.72	2.72	2.72	3.35	3.34	3.32	3.31	2.70	2.34	2.32	2.33	2.34	33.52
			特枯年	2.67	2.68	2.68	3.28	3.27	3.26	3.27	2.65	2.30	2.27	2.28	2.29	32.91
	Jb	Ⅱ	特丰年	8.35	8.42	8.46	9.56	9.48	9.15	9.13	8.03	7.37	7.30	7.46	7.48	100.18
			丰水年	8.20	8.25	8.32	9.40	9.31	9.03	8.97	7.89	7.25	7.10	7.21	7.33	98.26
			平水年	8.03	8.07	8.12	9.20	9.12	8.81	8.84	7.72	7.15	6.94	7.04	7.23	96.26
			枯水年	7.92	7.95	7.96	8.98	8.86	8.64	8.47	7.60	6.99	6.73	6.85	7.05	94.00
			特枯年	7.59	7.76	7.78	8.54	8.38	8.23	8.36	7.28	6.79	6.33	6.49	6.60	90.12
	Jc	Ⅲ	特丰年	42.52	43.11	43.47	48.41	47.71	45.04	44.89	39.85	37.17	36.60	37.96	38.10	504.84
			丰水年	41.67	42.09	42.64	47.45	46.67	44.42	43.97	39.04	36.52	35.24	36.16	37.22	493.10
			平水年	40.59	40.94	41.33	46.13	45.53	42.99	43.29	38.01	36.00	34.26	35.06	36.67	480.80
			枯水年	40.01	40.25	40.37	44.71	43.73	42.02	40.68	37.38	34.98	32.90	33.86	35.56	466.45
			特枯年	37.58	39.03	39.22	41.56	40.27	39.16	40.13	35.12	33.66	30.05	31.23	32.18	439.19

续表 5-14

行政区	河段	目标水质	水平年	平水期 ΔT/ (t·m^{-1})				丰水期 ΔT/ (t·m^{-1})				枯水期 ΔT/ (t·m^{-1})				年 ΔT/ (t·a^{-1})
				3月	4月	5月	10月	6月	7月	8月	9月	11月	12月	1月	2月	
建德市	Jd	Ⅱ	特丰年	21.56	21.74	21.85	20.72	24.06	23.85	23.04	22.99	19.28	19.09	19.53	19.57	257.29
			丰水年	21.18	21.31	21.48	20.36	23.66	23.43	22.74	22.60	18.97	18.55	18.85	19.19	252.32
			平水年	20.74	20.85	20.97	19.92	23.15	22.96	22.18	22.27	18.70	18.14	18.39	18.91	247.19
			枯水年	20.45	20.53	20.56	19.62	22.60	22.30	21.77	21.34	18.27	17.59	17.91	18.45	241.39
			特枯年	19.58	20.04	20.10	18.78	21.51	21.10	20.75	21.06	17.74	16.53	16.93	17.25	231.37
	合计	Ⅱ~Ⅲ	特丰年	75.26	76.10	76.62	71.42	85.52	84.52	80.70	80.47	66.26	65.43	67.40	67.60	897.32
			丰水年	73.86	74.46	75.25	70.07	83.96	82.85	79.61	78.95	65.15	63.29	64.62	66.16	878.21
			平水年	72.12	72.62	73.18	68.39	81.88	81.01	77.34	77.78	64.23	61.70	62.85	65.18	858.29
			枯水年	71.11	71.45	71.62	67.30	79.64	78.22	75.75	73.80	62.56	59.55	60.94	63.41	835.37
			特枯年	67.42	69.50	69.78	63.83	74.90	73.02	71.40	72.81	60.49	55.18	56.93	58.32	793.59
桐庐县	Ta	Ⅱ	特丰年	12.94	13.00	13.04	12.63	14.29	14.21	13.92	13.91	11.73	11.66	11.82	11.84	154.99
			丰水年	12.73	12.78	12.84	12.44	14.07	13.99	13.75	13.70	11.55	11.40	11.51	11.63	152.39
			平水年	12.51	12.55	12.59	12.21	13.82	13.76	13.48	13.51	11.39	11.18	11.28	11.46	149.73
			枯水年	12.34	12.36	12.38	12.03	13.56	13.45	13.26	13.10	11.16	10.91	11.03	11.23	146.82
			特枯年	11.95	12.12	12.14	11.66	13.10	12.95	12.82	12.93	10.91	10.45	10.60	10.72	142.36

续表 5-14

行政区	河段	目标水质	水平年	平水期 ΔT/(t·m⁻¹)				丰水期 ΔT/(t·m⁻¹)				枯水期 ΔT/(t·m⁻¹)				年 ΔT/(t·a⁻¹)
				3月	4月	5月	10月	6月	7月	8月	9月	11月	12月	1月	2月	
桐庐县	Tb	Ⅲ	特丰年	30.07	30.23	30.32	29.34	33.20	33.02	32.32	32.28	27.25	27.09	27.47	27.51	360.12
			丰水年	29.60	29.71	29.86	28.87	32.70	32.51	31.91	31.78	26.84	26.47	26.73	27.03	354.02
			平水年	29.07	29.16	29.27	28.35	32.11	31.95	31.27	31.35	26.46	25.96	26.19	26.64	347.78
			枯水年	28.67	28.73	28.77	27.93	31.49	31.23	30.76	30.38	25.93	25.32	25.61	26.10	340.94
			特枯年	27.76	28.16	28.21	27.04	30.39	30.03	29.71	29.99	25.32	24.22	24.59	24.88	330.31
	Tc	Ⅱ	特丰年	7.71	7.73	7.74	7.61	8.45	8.43	8.34	8.33	7.06	7.03	7.08	7.09	92.62
			丰水年	7.60	7.61	7.63	7.50	8.34	8.31	8.24	8.22	6.95	6.90	6.94	6.98	91.23
			平水年	7.48	7.49	7.51	7.38	8.21	8.19	8.10	8.11	6.85	6.79	6.82	6.88	89.82
			枯水年	7.38	7.39	7.39	7.28	8.08	8.05	7.98	7.93	6.74	6.66	6.69	6.76	88.33
			特枯年	7.38	7.43	7.44	7.28	7.89	7.84	7.80	7.83	6.84	6.68	6.74	6.78	87.92
	合计	Ⅱ~Ⅲ	特丰年	50.72	50.96	51.10	49.58	55.95	55.67	54.59	54.52	46.04	45.78	46.38	46.44	607.72
			丰水年	49.93	50.11	50.33	48.81	55.12	54.81	53.89	53.70	45.34	44.77	45.18	45.64	597.63
			平水年	49.06	49.20	49.36	47.94	54.15	53.90	52.85	52.98	44.70	43.92	44.28	44.99	587.33
			枯水年	48.39	48.49	48.53	47.25	53.13	52.73	52.00	51.42	43.83	42.89	43.33	44.09	576.09
			特枯年	47.09	47.71	47.80	45.98	51.38	50.82	50.32	50.75	43.07	41.35	41.93	42.38	560.58

续表 5-14

行政区	河段	目标水质	水平年	平水期 ΔT/ (t·m⁻¹)				丰水期 ΔT/ (t·m⁻¹)				枯水期 ΔT/ (t·m⁻¹)				年 ΔT/ (t·a⁻¹)
				3月	4月	5月	10月	6月	7月	8月	9月	11月	12月	1月	2月	
原富阳市	Fa	Ⅱ	特丰年	45.13	45.86	46.31	41.85	51.09	50.23	47.01	46.83	39.35	38.64	40.33	40.50	533.13
			丰水年	44.18	44.70	45.38	40.95	50.01	49.07	46.36	45.81	38.63	37.05	38.18	39.50	519.83
			平水年	42.94	43.37	43.85	39.79	48.51	47.77	44.72	45.08	38.08	35.95	36.92	38.91	505.89
			枯水年	42.33	42.62	42.76	39.10	46.88	45.69	43.65	42.06	36.91	34.37	35.54	37.63	489.53
			特枯年	40.33	42.18	42.43	37.22	43.18	41.65	40.34	41.48	36.56	31.88	33.40	34.62	465.25
	Fb	Ⅲ	特丰年	32.88	33.06	33.18	32.00	36.62	36.40	35.55	35.50	29.63	29.44	29.89	29.94	394.08
			丰水年	32.35	32.49	32.66	31.49	36.06	35.82	35.09	34.94	29.17	28.74	29.05	29.41	387.27
			平水年	31.76	31.87	32.00	30.90	35.39	35.19	34.36	34.46	28.76	28.17	28.44	28.98	380.27
			枯水年	31.32	31.40	31.44	30.44	34.67	34.36	33.79	33.33	28.18	27.46	27.79	28.37	372.56
			特枯年	30.27	30.75	30.82	29.42	33.39	32.95	32.56	32.90	27.49	26.19	26.63	26.97	360.33
	Fc	Ⅱ	特丰年	13.33	13.39	13.43	13.04	15.09	15.02	14.73	14.71	11.94	11.88	12.03	12.04	160.62
			丰水年	13.12	13.17	13.23	12.84	14.87	14.79	14.54	14.49	11.76	11.62	11.72	11.84	157.98
			平水年	12.90	12.93	12.97	12.61	14.61	14.54	14.26	14.29	11.60	11.40	11.49	11.67	155.27
			枯水年	12.72	12.74	12.76	12.43	14.33	14.22	14.03	13.87	11.37	11.14	11.25	11.44	152.31
			特枯年	12.34	12.50	12.52	12.06	13.86	13.71	13.58	13.69	11.12	10.69	10.84	10.95	147.86

续表 5-14

行政区	河段	目标水质	水平年	平水期 ΔT/ (t·m⁻¹)				丰水期 ΔT/ (t·m⁻¹)				枯水期 ΔT/ (t·m⁻¹)				年 ΔT/ (t·a⁻¹)
				3月	4月	5月	10月	6月	7月	8月	9月	11月	12月	1月	2月	
原富阳市	合计	Ⅱ~Ⅲ	特丰年	91.34	92.32	92.92	86.89	102.80	101.65	97.29	97.04	80.92	79.95	82.24	82.48	1087.83
			丰水年	89.66	90.35	91.27	85.28	100.94	99.68	95.98	95.24	79.57	77.41	78.95	80.75	1065.08
			平水年	87.60	88.17	88.82	83.29	98.50	97.51	93.34	93.84	78.44	75.52	76.85	79.55	1041.43
			枯水年	86.37	86.76	86.96	81.97	95.89	94.27	91.47	89.26	76.46	72.97	74.58	77.44	1014.40
			特枯年	82.94	85.43	85.76	78.69	90.43	88.31	86.48	88.07	75.17	68.76	70.87	72.54	973.45
杭州市	Ⅱa	Ⅱ	特丰年	53.50	54.39	54.94	49.50	62.85	61.72	57.51	57.27	45.75	44.92	46.90	47.11	636.35
			丰水年	52.35	52.99	53.82	48.42	61.49	60.26	56.70	55.99	44.92	43.07	44.39	45.94	620.33
			平水年	50.87	51.39	51.98	47.02	59.57	58.60	54.61	55.08	44.28	41.77	42.91	45.25	603.33
			枯水年	50.13	50.49	50.67	46.21	57.48	55.93	53.26	51.19	42.90	39.93	41.30	43.75	583.25
			特枯年	46.63	48.78	49.07	43.02	52.70	50.71	49.01	50.49	41.12	35.99	37.66	38.99	544.18
	Ⅱb	Ⅲ	特丰年	5.25	5.31	5.35	4.97	6.28	6.20	5.88	5.87	4.50	4.44	4.58	4.59	63.22
			丰水年	5.15	5.20	5.25	4.87	6.16	6.07	5.80	5.75	4.42	4.29	4.38	4.49	61.85
			平水年	5.03	5.07	5.11	4.75	6.00	5.93	5.63	5.66	4.36	4.18	4.26	4.43	60.40
			枯水年	4.96	4.98	4.99	4.68	5.82	5.71	5.51	5.35	4.24	4.03	4.13	4.30	58.71
			特枯年	4.69	4.84	4.86	4.42	5.45	5.29	5.16	5.28	4.10	3.73	3.85	3.95	55.63

续表 5-14

行政区	河段	目标水质	水平年	平水期 ΔT/ (t·m⁻¹)			丰水期 ΔT/ (t·m⁻¹)					枯水期 ΔT/ (t·m⁻¹)				年 ΔT/ (t·a⁻¹)
				3月	4月	5月	10月	6月	7月	8月	9月	11月	12月	1月	2月	
杭州市	Hc	Ⅲ	特丰年	33.68	33.85	33.95	32.88	39.93	39.71	38.83	38.77	29.40	29.23	29.62	29.66	409.52
			丰水年	33.16	33.28	33.44	32.37	39.33	39.08	38.33	38.17	28.95	28.58	28.85	29.15	402.67
			平水年	32.56	32.67	32.78	31.78	38.61	38.41	37.55	37.65	28.54	28.04	28.27	28.73	395.58
			枯水年	32.12	32.19	32.22	31.32	37.85	37.52	36.93	36.46	27.99	27.37	27.66	28.15	387.78
			特枯年	31.11	31.55	31.61	30.33	36.49	36.04	35.64	35.98	27.35	26.23	26.61	26.90	375.83
	合计	Ⅱ~Ⅲ	特丰年	92.43	93.55	94.25	87.35	109.06	107.63	102.22	101.91	79.65	78.59	81.10	81.35	1109.09
			丰水年	90.66	91.46	92.51	85.66	106.98	105.40	100.83	99.91	78.29	75.94	77.62	79.58	1084.85
			平水年	88.46	89.12	89.86	83.55	104.17	102.94	97.79	98.40	77.18	73.99	75.44	78.40	1059.32
			枯水年	87.21	87.66	87.89	82.20	101.15	99.15	95.70	93.00	75.14	71.33	73.09	76.21	1029.74
			特枯年	82.44	85.18	85.54	77.78	94.64	92.04	89.81	91.75	72.57	65.95	68.12	69.84	975.64
4县市	总计	Ⅱ~Ⅲ	特丰年	309.74	312.93	314.90	295.25	353.32	349.47	334.79	333.94	272.86	269.76	277.12	277.87	3701.96
			丰水年	304.10	306.38	309.36	289.82	346.99	342.74	330.31	327.81	268.35	261.41	266.37	272.13	3625.77
			平水年	297.23	299.12	301.23	283.18	338.70	335.35	321.32	322.99	264.55	255.13	259.43	268.12	3546.37
			枯水年	293.07	294.37	295.00	278.72	329.82	324.38	314.92	307.49	257.99	246.74	251.95	261.15	3455.59
			特枯年	279.89	287.83	288.88	266.28	311.34	304.19	298.01	303.39	251.30	231.23	237.85	243.08	3303.26

表 5-15 水平年-水文时期 NH_3-N 通量分析详情

行政区	河段	水平年	ΔT/(t·p^{-1}) 平水期	ΔT/(t·p^{-1}) 丰水期	ΔT/(t·p^{-1}) 枯水期	年ΔT/(t·a^{-1})	占年度百分比/% 平水期	占年度百分比/% 丰水期	占年度百分比/% 枯水期	占地区百分比/% 平水期	占地区百分比/% 丰水期	占地区百分比/% 枯水期	占地区百分比/% 全年平均
建德市	Ja	特丰年	34.70	44.20	28.61	107.51	32.3	41.1	26.6	3.7	4.1	3.6	3.8
		丰水年	33.95	43.33	27.90	105.17	32.3	41.2	26.5	3.7	4.1	3.6	3.9
		平水年	33.18	42.44	27.21	102.83	32.3	41.3	26.5	3.8	4.2	3.6	3.9
		枯水年	32.44	41.52	26.50	100.46	32.3	41.3	26.4	3.8	4.2	3.6	3.9
		特枯年	31.64	40.54	25.74	97.91	32.3	41.4	26.3	3.8	4.3	3.7	4.0
	Jb	特丰年	102.89	120.00	88.38	311.27	33.1	38.6	28.4	11.1	11.2	11.0	11.1
		丰水年	100.42	117.40	85.77	303.60	33.1	38.7	28.3	11.1	11.2	11.0	11.1
		平水年	97.74	114.55	83.48	295.77	33.0	38.7	28.2	11.1	11.2	11.0	11.1
		枯水年	95.44	111.15	80.89	287.47	33.2	38.7	28.1	11.1	11.3	11.1	11.2
		特枯年	92.21	106.95	77.17	276.33	33.4	38.7	27.9	11.1	11.3	11.2	11.2
	Jc	特丰年	527.57	603.47	454.20	1585.24	33.3	38.1	28.7	56.7	56.4	56.6	56.6
		丰水年	514.01	589.46	439.00	1542.47	33.3	38.2	28.5	56.6	56.4	56.5	56.5
		平水年	498.54	573.37	426.63	1498.54	33.3	38.3	28.5	56.5	56.3	56.4	56.4
		枯水年	486.36	552.86	411.67	1450.89	33.5	38.1	28.4	56.5	56.1	56.3	56.3
		特枯年	466.42	526.02	387.27	1379.71	33.8	38.1	28.1	56.3	55.8	56.0	56.0

续表 5-15

行政区	河段	水平年	ΔT/(t·p⁻¹) 平水期	ΔT/(t·p⁻¹) 丰水期	ΔT/(t·p⁻¹) 枯水期	年ΔT/(t·a⁻¹)	占年度百分比/% 平水期	占年度百分比/% 丰水期	占年度百分比/% 枯水期	占地区百分比/% 平水期	占地区百分比/% 丰水期	占地区百分比/% 枯水期	全年平均
建德市	Jd	特丰年	265.73	302.05	231.37	799.14	33.3	37.8	29.0	28.5	28.2	28.8	28.5
		丰水年	259.36	295.51	224.49	779.37	33.3	37.9	28.8	28.6	28.3	28.9	28.5
		平水年	252.41	288.35	218.49	759.25	33.2	38.0	28.8	28.6	28.3	28.9	28.6
		枯水年	246.46	279.82	211.68	737.96	33.4	37.9	28.7	28.6	28.4	29.0	28.6
		特枯年	238.10	269.33	201.84	709.27	33.6	38.0	28.5	28.7	28.6	29.2	28.8
	Ta	特丰年	158.83	180.09	139.16	478.09	33.2	37.7	29.1	25.5	25.5	25.5	25.5
		丰水年	155.20	176.37	135.36	466.93	33.2	37.8	29.0	25.5	25.5	25.5	25.5
		平水年	151.36	172.43	131.87	455.65	33.2	37.8	28.9	25.5	25.5	25.5	25.5
		枯水年	147.87	168.00	128.08	443.95	33.3	37.8	28.9	25.5	25.5	25.5	25.5
		特枯年	143.52	162.86	123.19	429.57	33.4	37.9	28.7	25.4	25.5	25.3	25.4
桐庐县	Tb	特丰年	369.32	418.41	323.61	1111.35	33.2	37.6	29.1	59.3	59.3	59.3	59.3
		丰水年	360.85	409.74	314.71	1085.30	33.2	37.8	29.0	59.3	59.3	59.3	59.3
		平水年	351.87	400.53	306.58	1058.98	33.2	37.8	29.0	59.3	59.3	59.3	59.3
		枯水年	343.75	390.14	297.73	1031.62	33.3	37.8	28.9	59.3	59.3	59.2	59.3
		特枯年	333.53	378.04	286.19	997.76	33.4	37.9	28.7	59.0	59.2	58.9	59.1

续表 5-15

行政区	河段	水平年	ΔT/(t·p⁻¹) 平水期	丰水期	枯水期	年ΔT/(t·a⁻¹)	占年度百分比/% 平水期	丰水期	枯水期	占地区百分比/% 平水期	丰水期	枯水期	全年平均
桐庐县	Tc	特丰年	94.40	106.88	83.06	284.34	33.2	37.6	29.2	15.2	15.2	15.2	15.2
		丰水年	92.31	104.74	80.92	277.98	33.2	37.7	29.1	15.2	15.2	15.2	15.2
		平水年	90.16	102.54	78.89	271.58	33.2	37.8	29.0	15.2	15.2	15.2	15.2
		枯水年	88.12	100.17	76.76	265.05	33.2	37.8	29.0	15.2	15.3	15.3	15.2
		特枯年	87.82	97.59	76.91	262.32	33.5	37.2	29.3	15.5	15.3	15.8	15.5
原富阳市	Fa	特丰年	561.52	635.21	484.55	1681.28	33.4	37.8	28.8	49.7	49.4	49.5	49.5
		丰水年	546.67	620.06	467.54	1634.27	33.5	37.9	28.6	49.6	49.3	49.3	49.4
		平水年	529.46	602.41	454.07	1585.94	33.4	38.0	28.6	49.5	49.1	49.3	49.3
		枯水年	516.33	579.43	437.37	1533.13	33.7	37.8	28.5	49.4	48.8	49.1	49.1
		特枯年	505.55	548.85	423.19	1477.59	34.2	37.1	28.6	49.7	48.3	49.2	49.0
原富阳市	Fb	特丰年	404.02	461.15	352.39	1217.56	33.2	37.9	28.9	35.8	35.8	36.0	35.9
		丰水年	394.68	451.52	342.58	1188.79	33.2	38.0	28.8	35.8	35.9	36.1	35.9
		平水年	384.74	441.24	333.68	1159.67	33.2	38.0	28.8	36.0	36.0	36.2	36.0
		枯水年	375.84	429.52	323.93	1129.30	33.3	38.0	28.7	36.0	36.2	36.3	36.2
		特枯年	364.42	415.73	311.01	1091.16	33.4	38.1	28.5	35.8	36.6	36.2	36.2

续表 5-15

行政区	河段	水平年	ΔT/(t·p⁻¹)			年ΔT/(t·a⁻¹)	占年度百分比/%			占地区百分比/%			
			平水期	丰水期	枯水期		平水期	丰水期	枯水期	平水期	丰水期	枯水期	全年平均
原富阳市	Fc	特丰年	163.59	190.27	141.49	495.35	33.0	38.4	28.6	14.5	14.8	14.5	14.6
		丰水年	159.86	186.36	137.66	483.89	33.0	38.5	28.4	14.5	14.8	14.5	14.6
		平水年	155.94	182.22	134.13	472.29	33.0	38.6	28.4	14.6	14.9	14.5	14.7
		枯水年	152.36	177.59	130.32	460.27	33.1	38.6	28.3	14.6	15.0	14.6	14.7
		特枯年	147.95	172.25	125.49	445.69	33.2	38.6	28.2	14.5	15.2	14.6	14.8
杭州市	Ha	特丰年	665.98	780.39	563.74	2010.12	33.1	38.8	28.0	58.2	57.3	58.3	57.9
		丰水年	648.26	761.54	543.89	1953.70	33.2	39.0	27.8	58.1	57.2	58.1	57.8
		平水年	627.67	739.40	528.19	1895.26	33.1	39.0	27.9	57.9	57.1	58.0	57.6
		枯水年	612.06	710.29	508.71	1831.06	33.4	38.8	27.8	57.9	56.8	57.9	57.4
		特枯年	584.77	671.28	475.54	1731.60	33.8	38.8	27.5	57.5	56.2	57.2	56.9
	Hb	特丰年	65.00	78.41	54.53	197.94	32.8	39.6	27.5	5.7	5.8	5.6	5.7
		丰水年	63.37	76.62	52.79	192.79	32.9	39.7	27.4	5.7	5.8	5.6	5.7
		平水年	61.54	74.59	51.34	187.47	32.8	39.8	27.4	5.7	5.8	5.6	5.7
		枯水年	60.06	72.04	49.62	181.72	33.1	39.6	27.3	5.7	5.8	5.6	5.7
		特枯年	57.75	68.74	46.96	173.45	33.3	39.6	27.1	5.7	5.8	5.6	5.7

续表 5-15

行政区	河段	水平年	ΔT/(t·p^{-1})			年ΔT/(t·a^{-1})	占年度百分比/%			占地区百分比/%			
			平水期	丰水期	枯水期		平水期	丰水期	枯水期	平水期	丰水期	枯水期	全年平均
杭州市	Hc	特丰年	413.59	503.05	348.67	1265.32	32.7	39.8	27.6	36.1	36.9	36.1	36.4
		丰水年	404.12	492.60	339.17	1235.89	32.7	39.9	27.4	36.2	37.0	36.2	36.5
		平水年	394.09	481.47	330.43	1206.00	32.7	39.9	27.4	36.4	37.2	36.3	36.7
		枯水年	385.02	468.85	320.98	1174.84	32.8	39.9	27.3	36.4	37.5	36.5	36.9
		特枯年	373.64	454.09	308.82	1136.55	32.9	40.0	27.2	36.8	38.0	37.1	37.4

表5-17 水平年-水文时期TP通量分析详情

行政区	河段	水平年	ΔT/(t·p⁻¹)			年ΔT/(t·a⁻¹)	占年度百分比/%			占地区百分比/%			
			平水期	丰水期	枯水期		平水期	丰水期	枯水期	平水期	丰水期	枯水期	全年平均
建德市	Ja	特丰年	11.34	13.90	9.77	35.02	32.4	39.7	27.9	3.8	4.2	3.7	3.9
		丰水年	11.19	13.72	9.62	34.53	32.4	39.7	27.9	3.8	4.2	3.7	3.9
		平水年	11.02	13.53	9.48	34.04	32.4	39.8	27.8	3.9	4.3	3.7	4.0
		枯水年	10.87	13.32	9.32	33.52	32.4	39.8	27.8	3.9	4.3	3.8	4.0
		特枯年	10.69	13.09	9.13	32.91	32.5	39.8	27.8	4.0	4.5	4.0	4.1
	Jb	特丰年	33.25	37.32	29.61	100.18	33.2	37.3	29.6	11.1	11.3	11.1	11.2
		丰水年	32.66	36.71	28.89	98.26	33.2	37.4	29.4	11.1	11.3	11.1	11.2
		平水年	31.95	35.97	28.35	96.26	33.2	37.4	29.4	11.2	11.4	11.2	11.2
		枯水年	31.43	34.95	27.62	94.00	33.4	37.2	29.4	11.2	11.5	11.2	11.3
		特枯年	30.41	33.51	26.21	90.12	33.7	37.2	29.1	11.2	11.5	11.3	11.4
	Jc	特丰年	168.96	186.04	149.84	504.84	33.5	36.9	29.7	56.4	56.2	56.2	56.3
		丰水年	165.44	182.51	145.15	493.10	33.6	37.0	29.4	56.3	56.1	56.0	56.1
		平水年	160.87	177.93	141.99	480.80	33.5	37.0	29.5	56.2	56.0	55.9	56.0
		枯水年	158.02	171.14	137.30	466.45	33.9	36.7	29.4	56.1	55.7	55.7	55.8
		特枯年	150.95	161.12	127.12	439.19	34.4	36.7	28.9	55.8	55.2	55.1	55.3

续表 5-17

行政区	河段	水平年	ΔT/(t·p⁻¹) 平水期	ΔT/(t·p⁻¹) 丰水期	ΔT/(t·p⁻¹) 枯水期	年 ΔT/(t·a⁻¹)	占年度百分比/% 平水期	占年度百分比/% 丰水期	占年度百分比/% 枯水期	占地区百分比/% 平水期	占地区百分比/% 丰水期	占地区百分比/% 枯水期	全年平均
建德市	Jd	特丰年	85.86	93.95	77.47	257.29	33.4	36.5	30.1	28.7	28.4	29.0	28.7
		丰水年	84.34	92.42	75.56	252.32	33.4	36.6	29.9	28.7	28.4	29.2	28.7
		平水年	82.48	90.57	74.14	247.19	33.4	36.6	30.0	28.8	28.5	29.2	28.8
		枯水年	81.16	88.01	72.22	241.39	33.6	36.5	29.9	28.8	28.6	29.3	28.9
		特枯年	78.49	84.42	68.45	231.37	33.9	36.3	29.6	29.0	28.9	29.6	29.2
桐庐县	Ta	特丰年	51.61	56.33	47.04	154.99	33.3	36.4	30.4	25.5	25.5	25.5	25.5
		丰水年	50.79	55.51	46.09	152.39	33.3	36.4	30.2	25.5	25.5	25.5	25.5
		平水年	49.86	54.57	45.31	149.73	33.3	36.4	30.3	25.5	25.5	25.5	25.5
		枯水年	49.11	53.37	44.34	146.82	33.4	36.4	30.2	25.5	25.5	25.5	25.5
		特枯年	47.88	51.80	42.68	142.36	33.6	36.3	30.0	25.4	25.5	25.3	25.4
	Tb	特丰年	119.96	130.83	109.33	360.12	33.3	36.4	30.4	59.3	59.3	59.2	59.3
		丰水年	118.05	128.90	107.07	354.02	33.3	36.4	30.2	59.3	59.3	59.2	59.2
		平水年	115.84	126.69	105.24	347.78	33.3	36.4	30.3	59.2	59.2	59.2	59.2
		枯水年	114.10	123.87	102.97	340.94	33.5	36.3	30.2	59.2	59.2	59.1	59.2
		特枯年	111.17	120.12	99.02	330.31	33.7	36.4	30.0	59.0	59.1	58.7	58.9

续表 5-17

行政区	河段	水平年	$\Delta T/(t \cdot p^{-1})$			年 $\Delta T/(t \cdot a^{-1})$	占年度百分比/%			占地区百分比/%			
			平水期	丰水期	枯水期		平水期	丰水期	枯水期	平水期	丰水期	枯水期	全年平均
桐庐县	Tc	特丰年	30.79	33.56	28.26	92.62	33.2	36.2	30.5	15.2	15.2	15.3	15.2
		丰水年	30.35	33.11	27.77	91.23	33.3	36.3	30.4	15.2	15.2	15.3	15.3
		平水年	29.86	32.62	27.34	89.82	33.2	36.3	30.4	15.3	15.3	15.4	15.3
		枯水年	29.44	32.05	26.84	88.33	33.3	36.3	30.4	15.3	15.3	15.4	15.3
		特枯年	29.53	31.35	27.03	87.92	33.6	35.7	30.7	15.7	15.4	16.0	15.7
原富阳市	Fa	特丰年	179.16	195.16	158.81	533.13	33.6	36.6	29.8	49.3	48.9	48.8	49.0
		丰水年	175.21	191.25	153.37	519.83	33.7	36.8	29.5	49.1	48.8	48.4	48.8
		平水年	169.95	186.08	149.85	505.89	33.6	36.8	29.6	48.9	48.6	48.3	48.6
		枯水年	166.81	178.28	144.44	489.53	34.1	36.4	29.5	48.8	48.1	47.9	48.3
		特枯年	162.15	166.65	136.46	465.25	34.9	35.8	29.3	48.7	47.2	47.5	47.8
	Fb	特丰年	131.12	144.07	118.89	394.08	33.3	36.6	30.2	36.1	36.1	36.5	36.2
		丰水年	128.99	141.91	116.37	387.27	33.3	36.6	30.0	36.2	36.2	36.7	36.4
		平水年	126.52	139.41	114.35	380.27	33.3	36.7	30.1	36.4	36.4	36.8	36.5
		枯水年	124.60	136.15	111.80	372.56	33.4	36.5	30.0	36.4	36.7	37.1	36.7
		特枯年	121.26	131.80	107.28	360.33	33.7	36.6	29.8	36.4	37.3	37.3	37.0

续表 5-17

行政区	河段	水平年	ΔT/(t·p⁻¹)			年ΔT/(t·a⁻¹)	占年度百分比/%			占地区百分比/%			
			平水期	丰水期	枯水期		平水期	丰水期	枯水期	平水期	丰水期	枯水期	全年平均
原富阳市	Fc	特丰年	53.19	59.54	47.89	160.62	33.1	37.1	29.8	14.6	14.9	14.7	14.8
		丰水年	52.36	58.68	46.94	157.98	33.1	37.1	29.7	14.7	15.0	14.8	14.8
		平水年	51.41	57.70	46.16	155.27	33.1	37.2	29.7	14.8	15.1	14.9	14.9
		枯水年	50.65	56.46	45.20	152.31	33.3	37.1	29.7	14.8	15.2	15.0	15.0
		特枯年	49.42	54.85	43.60	147.86	33.4	37.1	29.5	14.8	15.5	15.2	15.2
杭州市	Ha	特丰年	212.33	239.35	184.68	636.35	33.4	37.6	29.0	57.8	56.9	57.6	57.4
		丰水年	207.58	234.43	178.32	620.33	33.5	37.8	28.7	57.6	56.7	57.3	57.2
		平水年	201.26	227.86	174.21	603.33	33.4	37.8	28.9	57.3	56.5	57.1	57.0
		枯水年	197.50	217.88	167.88	583.25	33.9	37.4	28.8	57.3	56.0	56.8	56.6
		特枯年	187.51	202.91	153.76	544.18	34.5	37.3	28.3	56.7	55.1	55.6	55.8
	Hb	特丰年	20.89	24.23	18.11	63.22	33.0	38.3	28.6	5.7	5.8	5.6	5.7
		丰水年	20.47	23.78	17.59	61.85	33.1	38.5	28.4	5.7	5.8	5.6	5.7
		平水年	19.95	23.22	17.23	60.40	33.0	38.4	28.5	5.7	5.8	5.6	5.7
		枯水年	19.61	22.39	16.71	58.71	33.4	38.1	28.5	5.7	5.8	5.7	5.7
		特枯年	18.82	21.17	15.63	55.63	33.8	38.1	28.1	5.7	5.8	5.7	5.7

续表 5-17

行政区	河段	水平年	ΔT/(t·p^{-1})			年 ΔT/(t·a^{-1})	占年度百分比/%			占地区百分比/%			
			平水期	丰水期	枯水期		平水期	丰水期	枯水期	平水期	丰水期	枯水期	全年平均
杭州市	Hc	特丰年	134.37	157.24	117.91	409.52	32.8	38.4	28.8	36.6	37.4	36.8	36.9
		丰水年	132.24	154.91	115.53	402.67	32.8	38.5	28.7	36.7	37.5	37.1	37.1
		平水年	129.79	152.22	113.58	395.58	32.8	38.5	28.7	37.0	37.7	37.2	37.3
		枯水年	127.85	148.76	111.17	387.78	33.0	38.4	28.7	37.1	38.2	37.6	37.7
		特枯年	124.61	144.15	107.08	375.83	33.2	38.4	28.5	37.7	39.1	38.7	38.5

第6章 基于GIS的水质预报与污染物通量决策支持系统

6.1 系统基本情况

6.1.1 系统河流分段情况

(1) 污染预报模块的河流分段情况

污染预报模块对研究区域的河流分段参考预报数学模型的计算方法，采取按干、支流交汇为分界点的方案：①钱塘江1段：新安江大坝下至兰江出口处；②钱塘江2段：兰江出口处至浦阳江出口处；③钱塘江3段：浦阳江出口处至猪头角；④兰江段：将军岩至兰江出口处；⑤浦阳江段：尖山至浦阳江出口处。

(2) 污染物通量决策模块的河流分段情况

污染物通量决策模块对研究区域的河流分段比照河流水环境功能区目标水质的划分方案，采取按行政区一级分级—区内二级分级的方案：①建德市：共分为Ja、Jb、Jc、Jd 4段；②桐庐县：共分为Ta、Tb、Tc 3段；③原富阳市：共分为Fa、Fb、Fc 3段；④杭州市：共分为Ha、Hb、Hc 3段。

6.1.2 基于MapX和C#.net的系统开发

基于GIS的钱塘江污染物通量决策支持系统采用MapX控件，在Visual studio.net 2005环境下，采用C#.net进行二次开发。

MapX是MapInfo公司推出的能向用户提供强大地图分析功能的ActiveX控件产品，它使用与MapInfo Professional一致的地图数据格式，实现了大多数MapInfo Professional的功能，为用户提供了一个快速、易用、功能强大的地图化ActiveX控件。MapX控件是一个基于ActiveX技术的可编程控件，是可重复利用的可编程对象，提供了真正的对象与嵌入的控件联结，用户可以方便地将

MapX 集成到标准可视化编程工具之中，如 Visual Basic、C++ Builder、Visual C++等，从而实现地图编辑和空间分析功能。其功能包括：图形对象的处理和编辑、专题制图、强大的数据库访问和支持、高度可视化的统计和查询功能、动态的图层控制等。MapX 还提供了一个流线化的对象模型、大量的方法和事件、高效的属性页和默认值，以及其他例程和向导，用来帮助简化开发。

C# 语言是微软公司为它的 Microsoft.net 计划推出的核心编程语言。该语言不仅继承了 Visual Basic、Visual C++语言的优点，还几乎综合了目前所有编程语言的优点，并结合 Internet 发展的需要，增加了丰富的新特性并增强了功能。

6.1.3 系统数据库的结构与特点

系统的数据主要分为电子地图数据和元数据数据，它们主要以 MapInfo 文件格式和关系型数据库的形式存储，因此，系统的主要数据类型有两类：一是 Map 图层空间型数据库，用于存放空间位置数据；二是 Access 关系型属性数据库，用于存放关系型数据。

（1）Map 图层空间型数据库

系统的 Map 空间数据库见图 6-1，分为基础地图和模拟地图两部分。

1) 基础地图。实现背景图层和通量决策的空间地图数据显示功能。

a. 经纬度网格：结合状态栏的坐标显示和比例显示，便于操作用户获取与选取位置对应的点、线等的坐标。

b. 行政区域：按照不同颜色区分研究区的各行政单位。

c. 研究河段：将钱塘江流域的主要干、支流和千岛湖作为河流背景。

d. 水功能区界：比照水功能区目标水质划分方案，对重点研究河段进行分色显示，并在图例中添加标识。

e. 区内分段：将不同的目标水质功能区河段进行命名，并在图例中添加标识。

f. 钱塘江线：是水质污染预报（基于一维水质数学模型）的地图坐标选取的依据和参考。

2) 模拟地图。实现污染预报河段的空间支持功能。

a. 分段节点：结合水质污染预报，显示预报河段不同的分段节点情况。

b. 模拟结果：结合水质污染预报，将模拟结果关联至地图时，显示基于"钱塘江线"的预测结果。

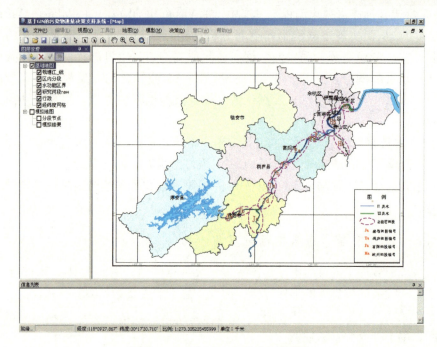

图 6-1 系统 Map 文件空间数据库

(2) Access 关系型属性数据库

系统对行政区、河段水质、污染物、通量、水平年、水文时期、河流和流量等数据建立了基于关系型结构的 Access 数据库，如图 6-2 所示。QTriver-Flux 关系型数据库的数据结构关系见图 6-2（a），数据库窗体、通量表分别见图 6-2（b）和（c），其他数据表不一一列出。

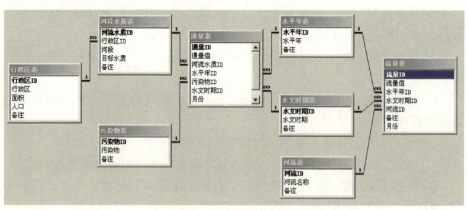

(a) 系统 Access 数据库数据结构关系

(b)数据库窗体　　　　　　　　　(c)通量表

图 6-2　污染物通量 Access 数据库

6.1.4　系统的功能与技术特点

(1) 系统的主要功能

1) 区域水环境空间信息查询。提供研究区域的行政、河段等基本信息以利于查询。

2) 环境水质污染预报。提供环境水质突发污染事件的实时预报功能。

3) 污染物通量查询决策。提供基于流量、时间和空间等决策条件的污染物因子（NH_3-N 和 TP 两项）通量决策功能。

(2) 系统的特点

可以方便地实现查询、分析、动态模拟，提供基于条件查询的决策功能，计算结果可方便地在地图上演示，并支持将计算结果导出为 txt 文本文件、excel 文件和 jpg、bmp、png 等图形格式，同时可支持计算结果图表的直接打印；采用图形化界面操作设计，使用户能很快地掌握该系统，操作简便易学；具有可扩展性，采用开放式设计，能在实际应用过程中不断添加新的功能和加入新的信息。

6.2　水环境模拟数学模型及通量决策的 GIS 集成

6.2.1　水质预报模型与 GIS 集成

(1) 考虑应用一维模型的原因

研究河段总体为狭长型河道：新安江大坝下至七里垄大坝属于河道及河道型水库，库区沿程总体水流、水质运动特性仍符合一维水流、水质运动规律；

七里垄大坝至猪头角属于典型的平原河道;袁浦至猪头角可考虑受潮流的影响,因资料暂缺,未予考虑;兰江和浦阳江分别属于中、小型河道。

钱塘江上游新安江段水流较大,水流湍动充分,污染物基本充分混合。新安江段以下河道上航船、挖沙等因素促进水体的紊动,也促进了污染物的充分混合,污染物本身沿河道已充分扩散。

一维水质模型计算可行性高,算法相对于二维、三维的模型较简单,是水质污染模拟模型中相对简单的一种,是污染河流实验的断面浓度分布与断面浓度的平均值偏差不大时常采用的水污染模拟模型,它主要研究污染物浓度沿程的变化及各个断面上的污染物浓度随时间的变化。运用一维水质模型开发水质模拟与预报系统,对于探索钱塘江干流的主要污染物突发事件对沿途河段的影响具有重要的借鉴作用,可为以后的进一步研究奠定理论基础。

(2) 一维水质模型与 GIS 集成的基本流程

一维水质模型与 GIS 集成的基本流程如图 6-3 所示。

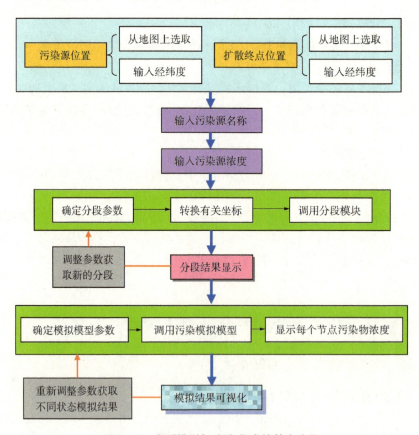

图 6-3 水质模型与 GIS 集成的基本流程

水质模型与 GIS 集成应着重注意以下五点：

1）河网数据。河网基础数据的给定。

2）边界条件。水流边界条件、水质边界的控制（所有流入边界的污染物浓度）。

3）初始条件。可使用实测资料内插给出，也可以任意给定，并能实现输入、修改和查询。

4）模型参数和方法的选择。

5）结果输出。提供时间过程、时空变化和结果查询等来实现图形输出。

6.2.2 污染物通量决策与 GIS 集成

污染物通量决策与 GIS 集成的基本流程如图 6-4 所示。

污染物通量决策查询与 GIS 集成应着重注意以下六个方面：

1）Map 数据。Map 空间数据提供行政区和区内不同河段的水环境功能区的水质查询与显示。

2）查询类别。系统提供基于流量的通量决策查询与决策，污染物因子有 NH_3-N 和 TP 2 项。

3）时间条件。分为水平年（5 种）、水文时期（3 种）和月份（12 个月）。

4）空间条件。分为行政区（4 个）、河段（4 个区共计 13 个）。

5）图表设置。提供图表类型（3 种）、图例名称、坐标轴选取、绘图方式、物件颜色和标题定义等功能选项。

6）结果输出。提供时空变化和情景的流量与通量结果查询，实现图形输出和打印等。

6.3 系统功能操作与案例应用

6.3.1 系统主界面与功能模块

（1）系统主界面

系统主界面分为六大部分：菜单栏、工具栏、状态栏、图层管理、空间数据（地图）显示、信息列表。其中，图层管理和信息列表部分采用浮动式窗体设计，可根据需要进行隐藏或重新布局。系统主界面和菜单栏列表如图 6-5 所示。

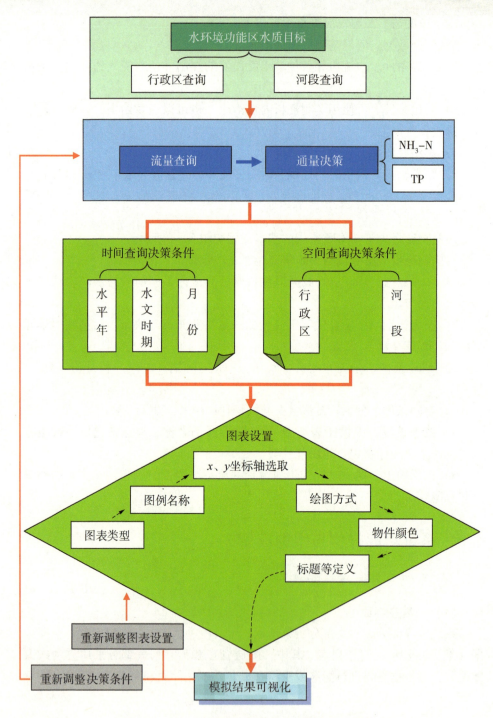

图 6-4 污染物通量决策与 GIS 集成的基本流程

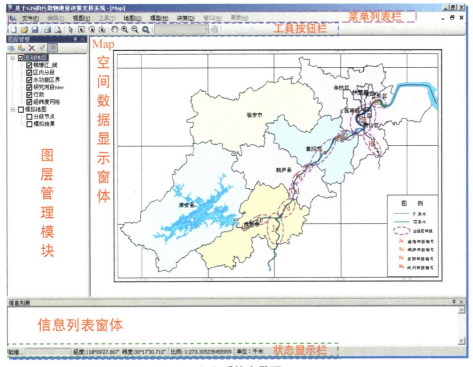

(a) 系统主界面

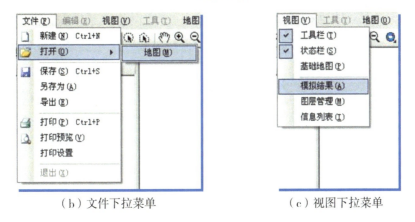

(b) 文件下拉菜单　　　　　　(c) 视图下拉菜单

图 6-5　系统主界面和菜单栏

(2) 图层控制界面与主要窗体

图层控制模块可进行图层的添加、删除、顺序调整以及属性设置等。由于采用英文版 MapX 控件，故显示样式仍然采用英文显示。行政区划图层控制操作流程如图 6-6 所示。

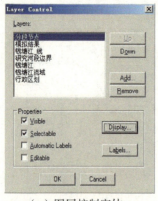
（a）图层控制窗体

（b）选择"行政区划"图层　　（c）进行区域式样编辑

（d）区域前景填充

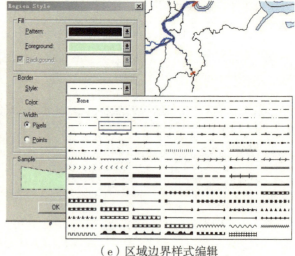
（e）区域边界样式编辑

图 6-6　行政区划图层控制操作流程

6.3.2　环境水质污染预报应用

（1）预报功能模块结构特征与模拟过程

水质预报功能模块如图 6-7 所示，采用弹出式窗口的模块形式：【"模型"→"水质预报模型"→"一维预报模型"】→【"模型设置"→"运行"】→"模拟结果"。其中，"模拟结果"窗体亦可在【"模型"→"模拟结果"】选择。

第6章 基于GIS的水质预报与污染物通量决策支持系统

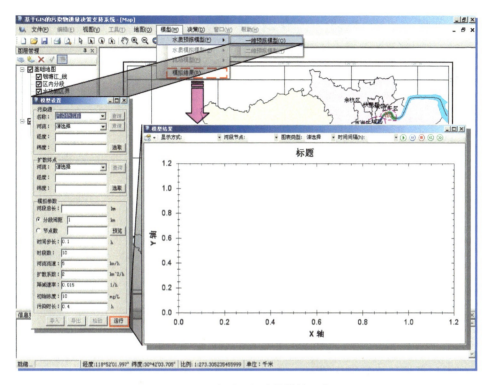

图6-7 水质预报功能模块示意

以污染物 TP 为例,预报自将军岩附近至原富阳市的污染情景,污染源具体情况及参数设置如下。

设置污染源起点:建德市境内将军岩断面附近,119°31′06.146″E,29°22′46.659″N;设置污染扩散终点:原富阳市境内富阳驻地附近,119°56′56.211″E,30°02′24.866″N。

河段总长98 km,分段距离为2 km,共计50个节点;时间步长为2 h,时段数为25 h,河流流速为5 km/h。

扩散系数为2 km²/h,降解速率为0.015,设置初始排放浓度为10 mg/L,污染排放的时长为0.4 h。

通过在地图上点击选取模拟起始点和模拟终点坐标,并输入相应的模型参数,可进行一维水质预报模型的求解。模拟参数中,河段总长和节点数无须输入,可通过分段间距和起始点自动计算生成。一维水质模拟预报模块边界选取流程如图6-8所示。

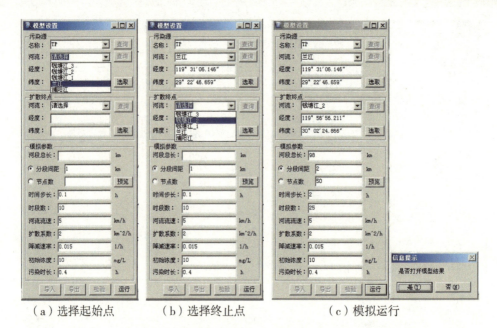

(a) 选择起始点　　　　(b) 选择终止点　　　　(c) 模拟运行

图 6-8　一维水质模拟预报模块边界选取流程

(2) 预报结果可视化输出

环境水质污染预报模拟结果窗体可显示所有节点瞬时浓度动态变化过程和一个节点浓度随时间动态变化过程。可通过窗体上工具栏进行切换和相应的参数设置。该案例的沿途水质模拟预报系列成果如图 6-9 所示。

图 6-9 (a) 为污染源 TP 排放 20 h 后，预报河段全程的瞬时浓度分布折线图，图 6-9 (b) 为以柱状图的形式显示。结果表明，在河段的第 12 节点附近，TP 的瞬时浓度达到最高值，为 4.5 mg/L，污染源已经影响至第 26 节点附近，由于排放时间长度为 0.4 h，在污染源排放点下游的 2~3 节点已经出现河流中污染物浓度很低的情况，仅为 0.05 mg/L。

图 6-9 (c) 为第 16 节点随时间变化的浓度动态折线图。结果显示，该节点在污染源 TP 排放 22 h 后开始受影响，河流中 TP 浓度在第 25 h 就达到 3.3 mg/L。

图 6-9 (g) 为污染源 TP 排放 46 h 后，将瞬时浓度动态图结果关联至河段（地图上），可以柱状图的形式显示在地图窗口中，直观地表达沿途受污染的情景。结果显示，此时桐庐县受 TP 污染影响最为显著，建德市河段的影响尚未消退，原富阳市入境河段已经开始受到污染影响。

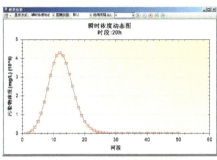
(a) 瞬时浓度动态折线图

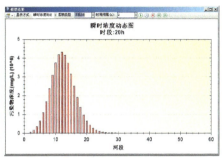
(b) 瞬时浓度动态柱状图

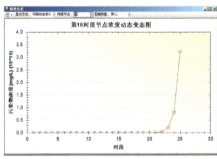
(c) 节点浓度动态折线图

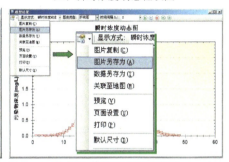
(d) 模型结果输出菜单

(e) 模拟结果图片输出菜单

(f) 模拟结果数据输出菜单

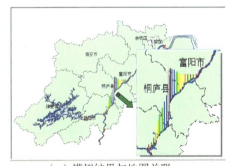
(g) 模拟结果与地图关联

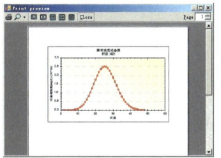
(h) 模拟结果打印输出

图 6-9 水质模拟预报系列成果图

模型结果输出菜单中［图6-9（d）］，"图片复制"可将当前模型结果窗口中的图形复制到剪贴板中，"图片另存为"可将当前模型结果窗口中的图形另存为.png、.tif、.gif、.jpg、.bmp格式［图6-9（e）］；"数据另存为"［图6-9（f）］可将当前模型结果窗口中的图形数据以.txt或.xls格式的文件保存；"关联至地图"［图6-9（g）］可将瞬时浓度动态图结果显示在地图中；"预览""页面设置"和"打印"［图6-9（h）］可实现当前模型结果窗口中的图形的打印相关操作；"默认尺寸"可将模型结果中的图形恢复到初始大小，即不进行缩放。

6.3.3 污染物通量决策支持应用

(1) 通量决策功能模块的结构特征

钱塘江污染物通量决策功能模块如图6-10所示，采用弹出式窗口的模块形式：【"决策"→"通量决策"】→【"钱塘江污染物通量决策查询"】。

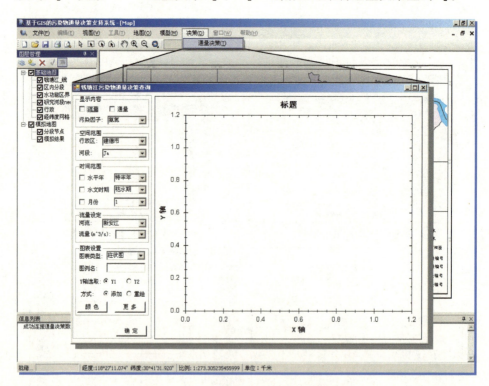

图6-10 污染物通量决策功能模块示意

污染物通量决策查询系统功能结构如图6-11所示。

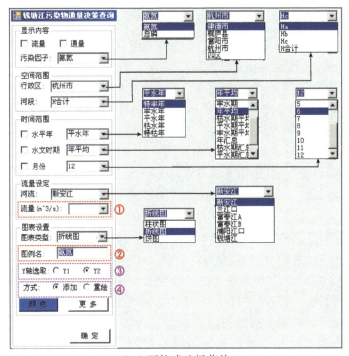

(a) 下拉式选择菜单

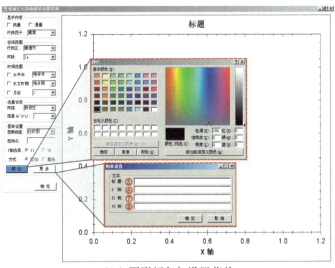

(b) 图形颜色与设置菜单

图6-11 污染物通量决策查询系统功能结构

图 6-11（a）中包括：

1）"显示内容"。分为"流量"和"通量"两大类，其中通量又分为氨氮和总磷两个污染源因子。

2）"空间范围"。分为"行政区"和"河段"两大类，河段为选择"行政区"后自动可追加的下拉菜单选项。

3）"时间范围"。分为"水平年""水文时期"和"月份"三大类，"水文时期"和"月份"为选择"水平年"后自动可追加的下拉菜单选项。

4）"流量设定"。设有"河流"选项，给出了自定义的流量输入窗口，见图 6-11（a）中的红色标注"①"。

5）"图表设置"。共给出 6 项设置与选择：

a. "图表类型"。根据需要可选择"折线图""柱状图"和"饼状图"三类。

b. "图例名"。根据决策过程中选择的因子或指标的需要，自定义图例的名称，见图 6-11（a）中的红色标注"②"。

c. "Y 轴选取"。当决策条件的 Y 轴数值为新增的类别时，要与 $Y1$ 轴有区分，可选择 $Y2$ 轴，见图 6-11（a）中的紫色标注"③"。

d. "方式"。当初次选择条件或增加条件需输出表达结果时，选择"添加"；当丢弃原有结果，进行新的条件决策时，选择"重绘"，见图 6-11（a）中的紫色标注"④"。

e. "颜色"。用于选择不同物件（污染因子或指标）的颜色，以形成明显的对比，便于结果的直观表达。

f. "更多"。见图 6-11（b）中的红色标注，"⑤"为自定义输出图件的标题名称，"⑥"为自定义 X 轴名称，"⑦"为自定义 $Y1$ 轴名称，"⑧"为自定义 $Y2$ 轴名称。

（2）通量决策查询应用与结果可视化输出

图 6-12 为污染物通量决策查询系列结果。必须指出，在本系统中，通量值是指某行政区或河段在特定长度的时间达到目标水质所允许的污染因子的 ΔT 通量。系统结果显示窗体中，数据点位提供鼠标指针的定位数值显示功能。

1）图 6-12（a）为特丰年建德市 Ja 河段各月份流量值。

"显示内容"选择"流量"，"空间范围"中"行政区"选择"建德市"，"河段"选择"Ja"，"时间范围"中"水平年"的"选取循环"选择 5 次（绘图方式添加 4 次），"图表设置"中"图表类型"选择"折线图"，"图例名"分别填写 5 种水平年，选择不同的 5 种折线颜色，最后在"更多"弹出窗体中定义图名"特丰年建德市 Ja 河段各月份流量值"。

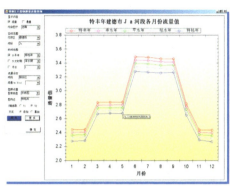

（a）特丰年建德市Ja河段各月份流量值

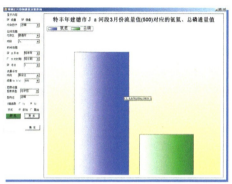

（b）特丰年建德市Ja河段3月流量值
（500 m³/s）对应的氨氮、总磷通量值

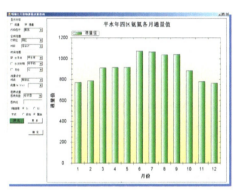

（c）平水年4区氨氮各月通量值

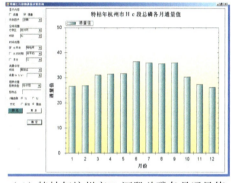

（d）特枯年杭州市Hc河段总磷各月通量值

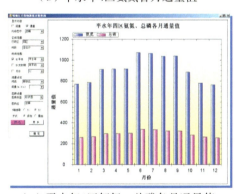

（e）平水年4区氨氮、总磷各月通量值

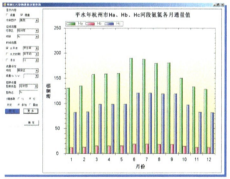

（f）平水年杭州市Ha、Hb、Hc河段
氨氮各月通量值

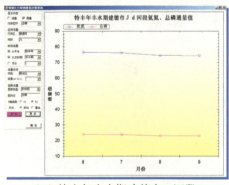
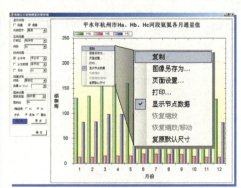

（g）特丰年丰水期建德市Jd河段　　　（h）查询结果的输出功能菜单
　　氨氮、总磷通量值（折线图）

图6-12　污染物通量决策查询系列结果

2）图6-12（b）为特丰年建德市Ja河段3月流量值（500 m³/s）对应的氨氮、总磷通量值。

"显示内容"选择"流量"和"通量"，"污染因子"分别选择"氨氮"和"总磷"，"空间范围"中"行政区"选择"建德市"，"河段"选择"Ja"，"时间范围"中"水平年"选择"特丰年"，"月份"选择"3"，"流量设定"中"河流"选择"新安江"，"流量（m^3/s）"填"500"，"图表设置"中"图表类型"选择"柱状图"，"图例名"分别填写"氨氮"和"总磷"，分别选择不同的颜色，最后在"更多"弹出窗体中定义图名。

3）图6-12（c）为平水年4区氨氮各月通量值。

"显示内容"选择"通量"，"污染因子"选择"氨氮"，"空间范围"中"行政区"选择"四区"，"时间范围"中"水平年"选择"平水年"，"图表设置"中"图表类型"选择"柱状图"，选择相应的颜色，最后在"更多"弹出窗体中定义图名。

4）图6-12（d）为特枯年杭州市Hc河段总磷各月通量值。

"显示内容"选择"通量"，"污染因子"选择"总磷"，"空间范围"中"行政区"选择"杭州市"，"河段"选择"Hc"，"时间范围"中"水平年"选择"特枯年"，"图表设置"中"图表类型"选择"柱状图"，选择相应的颜色，最后在"更多"弹出窗体中定义图名。

5）图6-12（e）为平水年4区氨氮、总磷各月通量值。

"显示内容"选择"通量"，"污染因子"分别选择"氨氮"和"总磷"，"空间范围"中"行政区"选择"四区"，"时间范围"中"水平年"选择

"平水年","图表设置"中"图表类型"选择"柱状图","图例名"分别填写"氨氮"和"总磷",选择2种不同的颜色,最后在"更多"弹出窗体中定义图名。

6)图6-12(f)为平水年杭州市Ha、Hb、Hc河段氨氮各月通量值。

"显示内容"选择"通量","污染因子"选择"氨氮","空间范围"中"行政区"选择"杭州市","河段"分别选择"Ha""Hb"和"Hc","时间范围"中"水平年"选择"平水年","图表设置"中"图表类型"选择"柱状图","图例名"分别填写"Ha""Hb"和"Hc",选择3种不同的颜色,最后在"更多"弹出窗体中定义图名。

7)图6-12(g)为特丰年丰水期建德市Jd河段氨氮、总磷通量值(折线图)。

"显示内容"选择"通量","污染因子"分别选择"氨氮"和"总磷","空间范围"中"行政区"选择"建德市","河段"选择"Jd","时间范围"中"水平年"选择"特丰年","水文时期"选择"丰水期","图表设置"中"图表类型"选择"折线图","图例名"分别填写"氨氮"和"总磷",选择不同的颜色,最后在"更多"弹出窗体中定义图名。

8)图6-12(h)为查询结果的输出功能菜单。

在输出结果窗体的任意范围,单击鼠标右键,弹出输出功能窗体。输出功能可以实现图件的复制、图像另存为文件(.png、.tif、.gif、.jpg、.bmp等格式)、页面设置、打印、显示节点数据、恢复缩放、恢复缩放/移动以及复原默认尺寸等功能。

第 7 章　结论与建议

7.1　主要结论

本研究以钱塘江流域为研究对象，采用理论研究和实践相结合的方法，通过基础调查和基于专业水文测量仪器的水环境空间资料的获取，综合运用环境评价技术、系统动力学原理、水环境空间建模技术、可视化空间数据挖掘技术、情景分析方法等对不同水文情景/情势的水环境流场及主要污染物进行模拟，解析了水环境流场的时空演变规律及其过程的动力学原理，探索了人类活动依存的水环境主要污染物通量的时空演化规律与趋势，建立了基于 GIS 的流域水环境水质污染预报和污染物通量决策支持系统，实现了研究成果的可视化。主要研究结论如下：

(1) 钱塘江流场模拟及流场对污染物扩散的影响

对监测年（2006 年）的研究河段布设 12 个测量断面，获得测量断面的剖面情况，对 3 个水文时期的测量结果进行处理，获得水文监测数据。在水文监测数据的基础上，对计算区域进行网格划分，确定初始条件，参考前人的研究进行参数设置，对流场的可靠性进行验证。本研究对丰水期 2 种工况各断面流量模拟的误差在 27% 以下，平均误差在 12% 左右，误差较大的原因与边界流量的取值有较大的关系；对丰水期 2 种工况各断面取左、中、右 3 个点位进行流速验证，结果表明，误差范围在 12.2% 以下，平均误差在 6% 左右。

根据研究区域模拟分段的情况，对上游段和下游段流场进行模拟，边界条件为：丰水期，新安江、将军岩、尖山模拟流量值分别取 750，2550，200 m^3/s，七里垄大坝、猪头角分别取 3300，3500 m^3/s；平水期，新安江、将军岩、尖山模拟流量值分别取 100，420，80 m^3/s，七里垄大坝、猪头角分别取 520，600 m^3/s；枯水期，新安江、将军岩、尖山模拟流量值分别取 60，200，40 m^3/s，七里垄大坝、猪头角分别取 260，300 m^3/s。

上游段，3 个水文时期的流速范围分别为：丰水期 0.1～1.0 m/s，平水期 0.02~0.16 m/s，枯水期 0.01~0.08 m/s。与模拟工况的流量值相对应，平水期的流速是枯水期的 2 倍，而丰水期的流速是平水期的 6 倍左右。下游段，3 个水文时期的流速范围分别为：丰水期 0.1~0.8 m/s，平水期 0.02~0.16 m/s，枯水期 0.01~0.08 m/s。与模拟工况的流量值相对应，平水期的流速是枯水期的 2 倍，而丰水期的流速是平水期的 5 倍左右。

上游段兰江出口汇流区对污染物的影响是：3 个时期均在汇流区上游方向有回流形成，但以丰水期和平水期的影响为显著，枯水期影响相对较弱；丰水期在汇流区下游方向形成大范围回流，水体的强扰动可造成污染物的充分混合；平水期在汇流区下游方向内侧形成的回流减弱，水体的扰动成为该时期污染物混合的重要原因；枯水期在汇流区下游方向未见明显的回流现象，污染物未受回流的明显作用。下游段浦阳江出口汇流区对污染物的影响是：在汇流区近浦阳江出口范围，发现丰水期和平水期有回流形成，但水体的扰动作用不显著，对浦阳江污染物进入钱塘江的混合作用不明显；浦阳江出口汇流区的水流以来自富春江的 2 条支流来水为主体，并将浦阳江来水中的污染物汇入而进入下游方向。

（2）钱塘江主要污染物时空变化规律

对钱塘江流域水环境造成影响的污染源主要有工业污染源、生活污染源、畜禽养殖废水排放等几大类。2005 年，钱塘江流域杭州市排放废水总量为 1.648×10^9 t，主要来自工业、生活和水产养殖；化学需氧量排放 2.424×10^5 t，主要来自工业、生活和畜禽养殖污染；氨氮 2.12×10^5 t，主要来自农田流失、生活、工业以及畜禽养殖污染；总磷排放 3.2×10^4 t，主要来自生活、畜禽养殖和农田流失污染。其中，工业废水主要为化工、电镀、造纸、石材等行业的污废水，重点污染源分布相对集中，主要有建德新安江段、桐庐钟山乡、富阳春江区块等。2006 年，钱塘江干流的 15 个断面中，上游新安江段 5 个断面全年水质为Ⅰ~Ⅱ类，年均值、汛期、非汛期均符合各自水功能区目标要求。中下游富春江和钱塘江段 10 个断面中，梅城、桐庐、窄溪大桥、富阳、珊瑚沙、闸口年均值为Ⅲ类，里山、闻家堰、七堡为Ⅳ类，富春江大坝（按湖库标准评价）为Ⅴ类，符合水功能区目标要求的仅梅城断面。梅城至富阳，汛期水质优于非汛期水质；富阳以下的各个断面，汛期水质劣于非汛期水质。主要超标项目为溶解氧、氨氮、总磷。2001—2005 年，钱塘江水系水质状况总体良好，其中，Ⅰ~Ⅲ类水断面占 50% 以上，整个水系近 50% 的断面水质能满足水域功能要求。

根据项目监测年（2006 年）不同时期氨氮和总磷的水质监测数据，基于通量联合方程中的水质方程对 2 种污染物进行浓度模拟，解析其时空变化规律和特征。NH_3-N 浓度随时间的变化在上游段具有明显的规律,按丰水期—平水期—枯水期浓度递增,其中,丰水期和平水期浓度值相近但平水期略高,下游段随时间分布的规律性不明显;在 NH_3-N 浓度的空间分布上,3 个时期均呈现自开始断面至严陵坞断面升高而后降低的态势,尤以富春江河段以下明显;支流对干流的污染贡献率较高,各时期均见兰江和浦阳江较高污染浓度造成与干流汇流后监测浓度值升高。TP 浓度随时间的变化在钱塘江富春江段以下呈现丰水期浓度高而枯水期浓度低的特点,此外,梅城水厂断面丰水期浓度较低,兰江口和窄溪断面平水期浓度较高;TP 在空间的变化无明显规律,在兰江出口汇流区和浦阳江出口汇流区,2 个来源(支流和干流)浓度值汇流后升高、降低和均值的情况均有发生。

(3) 钱塘江主要污染物通量情景模拟与时空变化规律解析

本研究提出了基于情景分析法(scenario analysis)的污染物通量研究方案,调查了研究区域水环境功能区概况,建立了 GIS 背景图层;对研究河段的水文情景进行分析,计算了不同河段不同水文情景/情势的断面流量。1961—2000 年的 40 年间,闻家堰断面年均流量呈现较大的波动趋势,该断面的多年平均径流量为 1101.7 m^3/s,年均河川径流量为 347.6 $\times 10^8$ m^3;平水年(流量范围为 1046.62~1156.79 m^3/s)出现的年数为 11,出现的频率为 28%;丰水年(流量范围为 1156.79~1542.38 m^3/s)出现的年数为 6,出现的频率为 15%;枯水年(流量范围为 661.02~1046.62 m^3/s)出现的年数为 17,出现的频率为 43%;特丰年(流量范围为 $\geq$1542.38 m^3/s)出现的年数为 5,出现的频率为 13%;特枯年(流量范围为 $\leq$1046.62 m^3/s)出现的年数为 1,出现的频率为 3%。

根据调查、测量和计算的基础数据,对不同水文情景氨氮、总磷通量进行模拟,分析了污染物允许通量 ΔT 的趋势特点、不同水平年的比例特征、不同水文时期的比例特征。特丰年、丰水年、平水年、枯水年、特枯年 5 种水文情景年,研究区域河段污染物允许通量 ΔT 值,NH_3-N 依次为 11544.49,11250.14,10949.23,10627.72,10208.91 t/a,TP 依次为 3701.96,3625.77,3546.37,3455.59,3303.26 t/a。

NH_3-N 允许通量 ΔT:①各行政区和 4 县市的 ΔT 值按水平年的趋势为:按特枯年→枯水年→平水年→丰水年→特丰年呈依次增高的趋势,增加的幅度特点是依次增加 2%~4%,5 种情景年的差值在 10%~15% 之间。②各行政区和 4 县市的 ΔT 值按水文时期的趋势为:按枯水期→平水期→丰水期呈依次增高的趋势,增加的幅度较为明显。其中,以枯水期 12 月的 ΔT 值为最低,丰水期 6 月的 ΔT 值为最高;各水文时期内(4 个月)ΔT 值的差异并不显著。

③各水平年不同行政区占研究区（4县市）的比例为：建德市 24.1%～24.3%，桐庐县 16.3%～16.6%，原富阳市 29.4%～29.5%，杭州市 29.8%～30.1%。④研究区（4县市）各水文时期占年度的比例为：平水期 33.1%～33.6%，丰水期 38.3%～38.5%，枯水期 28.1%～28.5%。

TP 允许通量 ΔT：①各行政区和 4 县市的 ΔT 值按水平年的趋势为：按特枯年→枯水年→平水年→丰水年→特丰年呈依次增高的趋势，增加的幅度特点是依次增加 2%～5% 之间，5 种情景年的差值在 10%～15% 之间。②各行政区和 4 县市的 ΔT 值按水文时期的趋势为：按枯水期→平水期→丰水期呈依次增高的趋势，增加的幅度较为明显。其中，以枯水期 12 月的 ΔT 值为最低，丰水期 6 月的 ΔT 值为最高；各水文时期内（4 个月）ΔT 值略有差异，差别不是很大。③各水平年不同行政区占研究区（4县市）的比例为：建德市 24.0%～24.2%，桐庐县 16.4%～17.0%，原富阳市 29.4%～29.5%，杭州市 29.5%～30.0%。④研究区（4县市）各水文时期占年度的比例为：平水期 33.3%～34.0%，丰水期 36.8%～37.2%，枯水期 29.2%～29.6%。

7.2 特色与创新之处

本研究以钱塘江流域为研究对象，基于水环境空间数据挖掘与可视化的研究方法与体系，对河流主要污染物通量进行了理论和方法的探索，对监测年主要污染物的时空变化规律进行了模拟与规律解析，对不同水文情景/情势下污染物通量的时空变化规律进行了研究。主要特色与创新点如下：

（1）河流污染物通量测算的技术与方法

分析前人研究中常用的河流污染物通量估算方法（通量估算的影响因素、估算方法的比较），在此基础上，提出河流污染物通量的测算原理与方法：基于"工况测量与水质分析→流场模拟→污染规律解析→通量情景模拟→时空规律分析"的研究方案，对河流水环境测量的技术与方法进行系统分析：进行水环境测量材料与方法的体系研究，分析基于 ADCP 流量/流速测量与数据处理的基本原理。

（2）河流水环境模拟系列数学模型

建立钱塘江干流研究区域流场数学模型的控制方程，对模型的定解及边界条件（初始条件、边界条件）、计算方法和稳定性条件进行研究；在剖析通量模型基础（水力学模型、单一河流水质模型、河网水质模型结构）的前提下，建立主要污染物通量模型的联合控制方程，对关键参数的处理（纵向离散系数、氨氮降解系数、总磷降解系数）以及模型的参数取值和定解条件进行分析；建立钱塘江（研究河段）突发污染事故水质预报模型的基本方程，并对模型的定解条件及解法进行分析。

(3) **基于 GIS 的水质预报与污染物通量决策支持系统**

分析系统河流分段情况，建立水环境时空数据库（Map 图层空间型数据库和 Access 关系型属性数据库），基于 MapX 和 C#.net 平台进行系统的构建与开发。确立一维水质模型、污染物通量决策与 GIS 集成基本流程，实现模型与 GIS 的集成，实现对环境水质污染预报应用以及污染物通量决策支持应用，为研究的系列成果提供可视化的查询、决策与图形输出。

结　　语

本书以河流水环境污染物通量为研究对象，从基本概念到测算理论，再到模型方法、模拟技术与决策支持系统开发，全面系统地阐述了河流水环境污染物通量测算的技术方法，并结合案例进行了实践分析。具有如下特点：

强调科学性与学科交叉。注重理论研究和实践相结合的方法，基于环境科学和水利工程相关学科的理论体系，综合系统动力学、空间建模、数据挖掘、系统开发等多学科技术手段，揭示和阐述了河流水环境污染物通量测算的基本原理、理论体系和应用技术。

注重实用性。阐述了关键参数测算、模型建立的技术细节，为河流水环境污染物通量测算提供了具体的可操作的技术方法，建立了污染物通量决策支持系统的开发实例，为本领域的科研及管理提供了范例。

参 考 文 献

[1] 《环境科学大辞典》编辑委员会. 环境科学大辞典［M］. 北京：中国环境科学出版社，1991.

[2] 钱正英. 中国可持续发展水资源战略研究综合报告［J］. 中国水利杂志，2000，2（8）：5-17.

[3] 夏军，朱一中. 水资源安全的度量［J］. 自然资源学报，2002，17（3）：262-269.

[4] 苏志勇，徐中民，张志强，等. 黑河流域水资源承载力的生态经济研究［J］. 冰川冻土，2002，24（4）：400-405.

[5] 姚治君，王建华，江东，等. 区域水资源承载力的研究进展及其理论探析［J］. 水科学进展，2002，13（1）：111-115.

[6] 李丽娟，郭怀成，陈冰，等. 柴达木盆地水资源承载力研究［J］. 环境科学，2000，21（2）：20-23.

[7] 王其藩. 系统动力学［M］. 北京：清华大学出版社，1988.

[8] 袁宏源，邵东国，郭宗楼. 水资源系统分析理论与应用［M］. 武汉：武汉水利水电大学出版社，2000.

[9] 冯尚友. 水资源持续利用与管理导论［M］. 北京：科学出版社，2000.

[10] 高吉喜. 可持续发展理论探索——生态承载力理论、方法与应用［M］. 北京：中国环境科学出版社，2001.

[11] 徐礼强，顾正华，楼章华，等. 基于 GIS 的并行和分布式处理技术在水信息领域中的应用［J］. 水利水电技术，2005，36（10）：86-89.

[12] 顾正华，徐礼强，楼章华，等. 水环境数字实验室的构架与实现途径［C］//水力学与水利信息学进展 2005. 成都：四川大学出版社，2005.

[13] 浙江省环境保护科学设计研究院，浙江省水文勘测局. 杭嘉湖流域水污染防治专题研究报告［R］. 杭州，2004.

[14] 杭州市环境保护局，杭州市环境保护科学研究院. 杭州市环境容量研究

[R]. 杭州, 2004.

[15] 浙江省水文志编纂委员会. 浙江省水文志 [M]. 北京: 中华书局, 2000.

[16] 金鹿年, 焦荔. 钱塘江水资源的危机及防护 [J]. 科技通报, 1995, 11 (6): 335-340.

[17] 国家环境保护总局. 关于印发《主要水污染物总量分配指导意见》的通知 (附件) [Z]. 2006-11-27.

[18] 许联芳, 杨勋林, 王克林, 等. 生态承载力研究进展 [J]. 生态环境, 2006, 15 (5): 1111-1116.

[19] 毛汉英, 余丹林. 区域承载力定量研究方法探讨 [J]. 地球科学进展, 2001, 16 (4): 549-555.

[20] 王俭, 孙铁珩, 李培军, 等. 环境承载力研究进展 [J]. 应用生态学报, 2005, 16 (4): 768-772.

[21] Bishop A, Fullerton, Crawford A. Carrying capacity in regional environment management [M]. Washington: Government Printing Office, 1974.

[22] 唐剑武, 郭怀成, 叶文虎. 环境承载力及其在环境规划中的初步应用 [J]. 中国环境科学, 1997, 17 (1): 6-9.

[23] IUCN/UNEP/WWF. Carrying for the earth: A strategy for sustainable living [M]. Switzerland: IUCN, 1991.

[24] 郭怀成, 徐云麟, 洪志明, 等. 我国新经济开发区水环境规划研究 [J]. 环境科学进展, 1994, 2 (4): 14-22.

[25] 崔凤军. 城市水环境承载力及其实证研究 [J]. 自然资源学报, 1998, 13 (1): 58-62.

[26] 王淑华. 区域水环境承载力及其可持续利用研究 [M]. 北京: 北京师范大学出版社, 1996.

[27] 汪恕诚. 水环境承载能力分析与调控 [J]. 水环境论坛, 2001, 33 (增刊): 1-7.

[28] 龙腾锐, 姜文超, 何强. 水问题反思及水资源承载力研究 [J]. 中国给排水, 2003 (7): 20-23.

[29] 孙才志, 左海军. 基于极大熵原理的黄河流域水资源承载力研究 [J]. 资源科学, 2004, 20 (2): 17-22.

[30] 惠泱河, 蒋晓辉, 黄强. 二元模式下水资源承载力系统动态仿真模型研究 [J]. 地理研究, 2001, 20 (2): 191-198.

[31] 贾嵘, 蒋晓辉. 缺水地区水资源承载力模型研究 [J]. 兰州大学学报:

自然科学版,2000,36(2):114-121.

[32] 陈明忠,刘恒. 流域水资源可持续利用模式研究[J]. 水利水电科技进展,2004,24(3):5-7.

[33] 贾嵘. 区域水资源承载力研究[J]. 西安理工大学学报,1998,14(4):382-387.

[34] 王慧敏,杜荣江. 流域可持续发展系统的协调控制[J]. 运筹与管理,2001,10(3):112-118.

[35] 惠泱河,蒋晓辉. 水资源承载力评价指标体系研究[J]. 水土保持通报,2001,21(1):30-34.

[36] 汪峡. 水资源可持续利用支撑体系能力的基本内涵[J]. 中国人口资源与环境,2002,12(1):81-85.

[37] 朱照宇,欧阳婷萍. 珠江三角洲经济区水资源可持续利用初步评价[J]. 资源科学,2002,24(1):55-61.

[38] 朱一中,夏军. 关于水资源承载力理论与方法的研究[J]. 地理科学进展,2002,21(2):263-269.

[39] 金菊良,丁晶. 区域水资源可持续利用系统评价的插值模型[J]. 自然资源学报,2002,17(5):611-615.

[40] 苏志勇,徐中民,张志强. 黑河流域水资源承载力的生态经济研究[J]. 冰川冻土,2002,24(4):401-406.

[41] 龙腾锐,姜文超. 水资源(环境)承载力的研究进展[J]. 水科学进展,2003,14(2):250-253.

[42] 刘毅,贾若祥. 中国区域水资源可持续利用评价及类型划分[J]. 环境科学,2005,26(1):42-46.

[43] 郭怀成,唐剑武. 城市水环境与社会经济持续发展对策研究[J]. 环境科学学报,1995,15(3):363-369.

[44] 赵然杭,曹升乐,高辉国. 城市水环境承载力与可持续发展策略研究[J]. 山东大学学报:工学版,2005,35(2):90-92.

[45] 李如忠. 基于指标体系的区域水环境动态承载力评价研究[J]. 中国农村水利水电,2006(9):42-46.

[46] 赵青松,周孝德,龙平沅. 关于水环境承载力模糊评价的探讨[J]. 水利科技与经济,2006,12(1):46-47.

[47] 王西琴,刘昌明,张远. 黄淮海平原河道基本环境需水研究[J]. 地理研究,2003,22(2):169-176.

[48] 刘静玲,杨志峰. 湖泊生态环境需水量计算方法研究[J]. 自然资源学

报，2002，17（5）：604-609.

[49] 孙涛，杨志峰，刘静玲. 海河流域典型河口生态环境需水量 [J]. 生态学报，2004，24（12）：2707-2715.

[50] 杨志峰，崔保山，刘静玲，等. 生态环境需水量理论、方法与实践 [M]. 北京：科学出版社，2003.

[51] 杨志峰，尹民，崔保山. 城市生态环境需水量研究——理论与方法 [J]. 生态学报，2005，25（3）：389-396.

[52] 姜翠玲，范晓秋. 城市生态环境需水量的计算方法 [J]. 河海大学学报：自然科学版，2004，32（1）：14-17.

[53] 王根绪，程国栋. 干旱内陆流域生态需水量及其估算——以黑河流域为例 [J]. 中国沙漠，2002，22（2）：129-134.

[54] 周孝德，郭瑾珑，程文，等. 水环境容量计算方法研究 [J]. 西安理工大学学报，1999，15（3）：1-6.

[55] 熊风，罗洁. 河流水环境容量计算模型分析 [J]. 中国测试技术，2005，31（1）：116-117，126.

[56] 水利部水利水电规划设计总院. 全国水资源综合规划地表水资源保护技术培训讲义 [Z]. 2003.

[57] 浙江省水利水电勘测设计院，浙江省水利河口研究院，浙江省水文勘测局. 钱塘江河口水资源配置规划 [R]. 杭州，2004.

[58] 柴群宇. 富春江流域水环境容量研究 [D]. 杭州：浙江大学，2002.

[59] 孙卫红，姚国金，逢勇. 基于不均匀系数的水环境容量计算方法探讨 [J]. 水资源保护，2001，64（2）：25-26，44.

[60] 纪岚，李菁，汪家权. 合肥市南淝河水环境容量研究 [J]. 安徽大学学报：自然科学版，2004，28（6）：71-75.

[61] 孟宪伟，刘焱光，王湘芹. 河流入海物质通量对海、陆环境变化的响应 [J]. 海洋科学进展，2005，23（4）：391-397.

[62] 张旭东，彭镇华，漆良华，等. 生态系统通量研究进展 [J]. 应用生态学报，2005，16（10）：1976-1982.

[63] 孙睿，刘昌明. 地表水热通量研究进展 [J]. 应用生态学报，2003，14（3）：434-438.

[64] 万新宁，李九发，何青，等. 国内外河口悬沙通量研究进展 [J]. 地球科学进展，2002，17（6）：864-870.

[65] 王卫平，洪华生，张玉珍，等. 九龙江污染物入海通量初步估算 [J]. 海洋环境科学，2006，25（2）：45-47，57.

[66] 许朋柱,秦伯强. 2001—2002 水文年环太湖河道的水量及污染物通量 [J]. 湖泊科学,2005,17 (3): 213-218.

[67] 逢勇,李毓湘. 珠江三角洲污染物对东四口门通量影响分析 [J]. 河海大学学报:自然科学版,2001,29 (4): 50-55.

[68] 刘国华,傅伯杰,杨平. 海河水环境质量及污染物入海通量 [J]. 环境科学,2001,22 (4): 46-50.

[69] 王晖. 淮河干流水质断面污染物年通量估算 [J]. 水资源保护,2004,20 (6): 37-39.

[70] Missouri department of natural resources water pollution control program total maximum daily load (TMDL) for Davis Creek [R]. Lafayette County, Missouri, August 13, 2003.

[71] Total maximum daily load (TMDL) for nutrients, biochemical oxygen demand and dissolved oxygen in the Caloosahatchee River Basin [R]. Florida, 2006.

[72] Litwack H S, Di Lorenz J L, Huang P, et al. Development of a simple phosphorus model for a large urban watershed: A case study [J]. Journal of Environmental Engineering-ASCE, 2006, 132 (4): 538-546.

[73] Ormsbee L, Elshorbagy A, Zechman E. Methodology for pH total maximum daily loads: Application to beech creek watershed [J]. Journal of Environmental Engineering-ASCE, 2004, 130 (2): 167-174.

[74] Lemly A D. A procedure for setting environmentally safe total maximum daily loads (TMDLs) for selenium [J]. Ecotoxicology and Environmental Safety, 2002, 52 (2): 123-127.

[75] Pedersen J A, Yeager M A, Suffet I H. Organ phosphorus insecticides in agricultural and residential runoff: Field observations and implications for total maximum daily load development [J]. Environmental Science & Technology, 2006, 40 (7): 2120-2127.

[76] 李继选,王军. 水环境数学模型研究进展 [J]. 水资源保护,2006,22 (1): 9-14.

[77] Chapra S C, Pelletier G J. QUAL2K: A modeling framework for simulating river and stream water quality: Documentation and users manual [R]. Civil and Environmental Engineering Dept, Tufts University, Medford, 2003.

[78] Park S S, Lee Y S. A water quality modeling study of the Nakdong River, Korea [J]. Ecological Modelling, 2002, 152 (1): 65-75.

[79] 徐进，佘宗莲，郑西来，等. QUAL2E 模型在大沽河干流青岛段水质模拟中的应用 [J]. 农村生态环境, 2004 (20): 33-37.

[80] 陈家军，于艳新，李森. QUAL2E 模型在呼和浩特市水质模拟中的应用 [J]. 水资源保护, 2004 (3): 1-4.

[81] 郭永彬，王焰新. 汉江中下游水质模拟与预测——QUAL2K 模型的应用 [J]. 安全与环境工程, 2003 (10): 4-7.

[82] http://www.epa.gov/ATHENS/wwqtsc/html/qual2k.html.

[83] Wool T A, Ambrose R B, et al. Water quality analysis simulation program (WASP) Version 6.0 DRAFT [M]. User's Manual, 2001.

[84] Vuksanovic V, Smedt F D, Meerbeeck S V. Transport of polychlorinated biphenyls (PCB) in the Scheldt Estuary simulated with the water quality model WASP [J]. Journal of Hydrology, 1996 (174): 1-18.

[85] Zheng L Y, Chen C S, Zhang F Y. Development of water quality model in the Satilla River Estuary, Georgia [J]. Ecological Modelling, 2004 (178): 457-482.

[86] Kao J J, Lin W L, Tsai C H. Dynamic spatial model in approach for estimation of internal phosphorus load [J]. Water Research, 1998 (32): 47-56.

[87] http://www.dhisoftware.com/mike11/Description/HD_module.htm.

[88] Absar A K, Ian S H. Numerical models in water quality management: a case study for the Yamuna River (India) [J]. Water Science and Technology, 1997 (36): 193-200.

[89] Whitehead P G, Williams R J, Lewis D R. Quality simulation along river systems (QUASAR): model theory and development [J]. The Science of the Total Environment, 1997 (194/195): 447-456.

[90] Lewis D R, Williams R J, Whitehead P G. Quality simulation along rivers (QUASAR): an application to the Yorkshire use [J]. The Science of the Total Environment, 1997 (194/195): 399-418.

[91] Eatherall A, Boorman D B, Williams R J, et al. Modelling in stream water quality in LOIS [J]. The Science of the Total Environment, 1998 (210-211): 499-517.

[92] Trancoso A R, Saraiva S, Fernandes L, et al. Modelling macro algae using a 3D hydrodynamic-ecological model in a shallow, temperate stuart [J]. Ecological Modelling, 1998 (187): 232-246.

[93] Liu W C, Liu S Y, Hsu M H, et al. Water quality modeling to determine

minimum in stream flow for fish survival in tidal rivers [J]. Journal of Environmental Management, 2005 (76): 293 - 308.

[94] Hamilton D P, Schladow S G. Prediction of water quality in lakes and reservoirs. Part I—Model description [J]. Ecological Modelling, 1997 (96): 91 - 110.

[95] Schladow S G, Hamilton D P. Prediction of water quality in lakes and reservoirs: Part II-Model calibration, sensitivity analysis and application [J]. Ecological Modelling, 1997 (96): 111 - 123.

[96] Yang M D, Sykes R M, Merry C J. Estimation of algal biological parameters using water quality modeling and SPOT satellite data [J]. Ecological Modelling, 2000 (125): 1 - 13.

[97] Delft3D - RGFGrid_ User_ Mannual [M]. WL Delft Hydraulics, 2003.

[98] Delft3D - Flow_ User_ Mannual [M]. WL Delft Hydraulics, 2003.

[99] Delft3D - GPP_ User_ Mannual [M]. WL Delft Hydraulics, 2003.

[100] Delft3D - WAQ_ User_ Mannual [M]. WL Delft Hydraulics, 2003.

[101] 李德仁. 空间数据挖掘的理论与应用 [M]. 北京: 科学出版社, 2005.

[102] Koperski K, Han J. Discovery of spatial association rules in geographic information databases [C] //Proceedings of the 4th International Symposium on Large Spatial Databases (SSD95). Maine, 1995.

[103] Koperski K, Han J, Stefanovic D N. An efficient two - step method for classification of spatial data [C] // Proc 1998 International Symposium on Spatial Data Handling SDH'98 Vancouver. Canada: B C, 1998.

[104] Ng R T, Han J. Efficient and effective clustering methods for spatial data mining [C] //20th International Conference on Very Large Data Bases (VLDB'94). Chile, Santiago, 1994.

[105] Lu W, Han J, Ooi B C. Discovery of general knowledge in large spatial databases [C] // Proc of 1993 Far East Workshop on Geographic Information Systems (FEGIS'93). Singapore, 1993.

[106] Ester M, Frommelt A, Kriegel H P, et al. Spatial data mining: databases primitives, algorithms and efficient DBMS support [J]. Data Mining and Knowledge Discovery, 2000 (4): 193 - 216.

[107] Kriegel H P, Pfeifle M, Schönauer S. Similarity search in biological and engineering databases [J]. IEEE Data Engineering Bulletin, 2004, 27 (4): 37 - 44.

[108] Böhm C, Kailing K, Kriegel H P, et al. Density connected clustering with local subspace preferences [C] //The 4th IEEE Int. Conf. on Data Mining (ICDM'04). UK, Brighton, 2004.

[109] Breunig M M, Kriegel H P, Ng R T, et al. LOF: Identifying density-based local outliers [C] //The ACM SIGMOD International Conference on Management of Data. Texas, Dallas, 2000.

[110] Hao M C, Keim D A, Dayal P U, et al. Schneidewind: Visual mining geo-related data using pixel bar charts [C] //IS&T SPIE Visualization and Data Analysis (VDA) Conference 2005. California, USA: San Jose, 2005.

[111] Keim D A, Bustos B. Similarity search in multimedia databases [C] // International Conference on Data Engineering (ICDE). Boston: Ieee Cs Press, 2004.

[112] Baeza-yates R, Bustos B, Chávez E, et al. Clustering in metric spaces and its application to information retrieval [M] //Clustering and Information Retrieval. US: Springer, 2004.

[113] Shekhar S, Lu C T, Zhang P. A unified approach to detecting spatial outliers [J]. Geoinformatica, 2003, 7 (2): 139–166.

[114] Yoo J S, Shekhar S. A partial join approach for mining co-location patterns [C] //12th ACM International Workshop on Geographic Information Systems. USA, Washington DC, 2004.

[115] Kazar B M, Shekhar S, Lilja D J, et al. A parallel formulation of the spatial auto-Regression model [C] //The International Conference on Geographic Information GIS PLANET. Portugal, Lisbon, 2005.

[116] Wehrens R, Buydens L M C, Fraley C, et al. Model-based clustering for image segmentation and large datasets via sampling [J]. Journal of Classification, 2004 (21): 231–253.

[117] Raftery A E, Gneiting T, Balabdaoui F, et al. Using bayesian model averaging to calibrate forecast ensembles [J]. Monthly Weather Review, 2005 (133): 1155–1174.

[118] Nittel S, Leung K, Braverman A. Scaling K-Means for massive data sets using data streams [C] //Proc. of International Conference on Data Engineering (ICDE). MA, Boston, 2004.

[119] Agouris A, Stefanidis S, Gyftakis. Differential snakes for change detection in road segments [J]. Photogrammetric Engineering and Remote Sensing,

2001, 67 (12): 1391-1399.

[120] Mountrakis G, Agouris P. Learning similarity with fuzzy functions of adaptable complexity [C] // Advances in Spatial and Temporal Databases (SSTD'03). Greece, Santorini: Springer Verlag, 2003.

[121] Chu S C, Roddick J F, Chen T Y. A genetic clustering algorithm for mean-Residual vector quantization [C] //Chang P, Chao S C, Chen T Y, eds. Proc. 18th International Conference on Advanced Science and Technology (ICAST 2002). USA, Chicago, 2002.

[122] Pfitzner D, Hobbs V, Powers D. A unified taxonomic framework for information visualization [C] //Asia-Pacific symposium on information visualization. Australian Computer Society, Inc, 2003.

[123] Ng R, Han J. CLARANS: A method for clustering objects for spatial data mining [J]. IEEE Trans Knowledge & Data Engineering, 2002, 14 (5): 1003-1016.

[124] Ozsu T, Lin S, Ora V, et al. Multi-precision similarity querying of image databases [C] // Proceedings of 27th International Conference on Very Large Databases, 2001.

[125] 宋国杰, 唐世渭, 杨冬青, 等. 基于最大熵原理的空间特征选择方法 [J]. 软件学报, 2003, 14 (9): 1544-1550.

[126] 陈冠华. 基于空间数据库的空间数据挖掘语言 [J]. 北京大学学报, 2004, 40 (3): 465-472.

[127] 浙江省水利厅, 浙江省环境保护局. 浙政办发〔2005〕109号附件: 浙江省水功能区、水环境功能区区划方案 [Z], 2005.

[128] 周孝德, 郭瑾珑, 程文, 等. 水环境容量计算方法研究 [J]. 西安理工大学学报, 1999, 15 (3): 1-6.

[129] 熊风, 罗洁. 河流水环境容量计算模型分析 [J]. 中国测试技术, 2005, 31 (1): 116-117, 126.

[130] 李继选, 王军. 水环境数学模型研究进展 [J]. 水资源保护, 2006, 22 (1): 9-14.

[131] 中国环境规划院. 全国水环境容量核定技术指南 [R]. 北京, 2003.

[132] 姚炎明, 李佳, 周大成. 钱塘江河口段潮动力对污染物稀释扩散作用探讨 [J]. 水力发电学报, 2005, 24 (3): 99-104, 23.

[133] 周富春. 河流水体中污染物自净的机理及算例 [J]. 重庆建筑大学学报, 2001, 23 (5): 100-103.

[134] 申满斌,陈永灿,刘昭伟. 岸边排放污染物浓度场三维浑水水质模型研究 [J]. 水力发电学报, 2005, 24 (3): 93-98.

[135] 韩曾萃,戴泽蘅,李光炳,等. 钱塘江河口治理开发 [M] //钱塘江河口丛书. 北京:中国水利水电出版社, 2003.

[136] 水利部水利水电规划设计总院. 全国水资源综合规划地表水资源保护技术培训讲义 [R]. 北京, 2003.

[137] 浙江省水文局,浙江省环境监测中心站,浙江大学环境与资源学院. 东苕溪流域水环境污染防治与水环境容量计算 [R]. 杭州, 1999.

[138] 浙江省环境保护科学设计研究院,浙江省水文勘测局. 杭嘉湖流域水污染防治专题研究报告 [R]. 杭州, 2004.

[139] 慕金波,酒济明. 河流中有机物降解系数的室内模拟实验研究 [J]. 山东科学, 1997, 10 (2): 50-55.

[140] 邱魏. 长江口竹园排污区COD降解系数的测试与分析 [J]. 上海水利, 1996, 45 (4): 33-36.

[141] 郭儒,李宇斌,富国. 河流中污染物衰减系数影响因素分析 [J]. 气象与环境学报, 2008, 24 (1): 56-59.

[142] 柴群宇. 富春江流域水环境容量研究 [D]. 杭州:浙江大学. 2002.

[143] 王美敬,罗麟,程香菊,等. 紊动对有机物降解影响研究 [J]. 武汉大学学报:工学版, 2005, 38 (4): 1-4.

[144] 王美敬,罗麟,卢红伟,等. 水中污染物扩散模型实验中的相似理论 [J]. 四川大学学报:工程科学版, 2004, 36 (2): 25-28.

[145] 孙卫红,姚国金,逄勇. 基于不均匀系数的水环境容量计算方法探讨 [J]. 水资源保护, 2001, 64 (2): 25-26, 44.

[146] 蒋岳文,陈淑梅,关道明,等. 辽河口营养要素的化学特性及其入海通量估算 [J]. 海洋环境科学, 1995, 14 (4): 39-45.

[147] 刘绮. 汞入海通量及其污染因素分析与防治方法探讨 [J]. 人民珠江, 1996 (6): 44-47.

[148] 杨逸萍,胡明辉,陈海龙,等. 九龙河口生物可利用磷的行为与入海通量 [J]. 台湾海峡, 1998, 17 (3): 270-274.

[149] 田家怡,慕金波,王安德,等. 山东小清河流域水污染问题与水质管理研究 [M]. 东营:石油大学出版社, 1996.

[150] 叶立群. 珠江重金属入海通量探讨 [J]. 环境与开发, 2001, 16 (2): 52-54, 22-30.

[151] 刘国华,傅伯杰,杨平. 海河水环境质量及污染物入海通量 [J]. 环

境科学，2001，22（4）：46-50.

[152] 于建中. 复合 Weibull 分布在五里河乳化油排海总量及降解研究中的应用 [J]. 辽宁城乡环境科技，1997，17（4）：45-48.

[153] Boyle E, Collier R, Dengler A T, et al. On the chemical mass-balance in estuaries [J]. Geochim Cosmochim Acta, 1974, 38 (11): 1719-1728.

[154] 张永良，刘培哲. 水环境容量综合手册 [M]. 北京：清华大学出版社，1991.

[155] Webb B W, Phillips J M, Walling D E, et al. Load estimation methodologies for British rivers and their relevance to the LOIS RACS (R) Programme [J]. The Science of the Total Environment, 1997 (194-195): 379-389.

[156] 中华人民共和国水利部. 中华人民共和国水利行业标准 SL 337—2006 声学多普勒流量测验规范 [S]. 北京：中国水利水电出版社，2006.

[157] 顾莉，华祖林. 天然河流纵向离散系数确定方法的研究进展 [J]. 水利水电科技进展，2007，27（2）：85-89.

[159] 李锦秀，黄真理，吕平毓. 三峡库区江段纵向离散系数研究 [J]. 水利学报，2000（8）：84-86.

[159] 李锦秀，廖文根，黄真理. 三峡水库整体一维水质数学模拟研究 [J]. 水利学报，2002（12）：7-10，17.

[160] 陈锁忠，常本春，黄家柱，等. 水资源管理信息系统 [M]. 北京：科学出版社，2006.

[161] 谷尘勇. 三峡库区重庆段稳态水质模型研究 [D]. 重庆：重庆大学，2005.

[162] 谢永明. 环境水质模型概论 [M]. 北京：中国科学技术出版社，1996.

[163] 史英标，林炳尧，徐有成. 钱塘江河口洪水特性及动床数值预报模型 [J]. 泥沙研究，2005（1）：7-13.